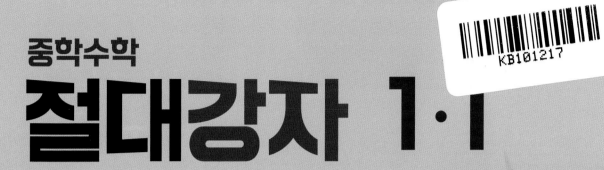

중학수학
절대강자 1·1
최상위

KB101217

검토에 도움을 주신 선생님

강시현 CL학숙	강유리 두란노 수학 과학	강유리 두란노 수학 (금호캠퍼스)	공선인 오투영수
권현숙 오엠지수학	김건태 매쓰로드 수학학원	김경백 에듀TOP수학학원	김동철 김동철 수학학원
김미령 수과람 영재학원	김민화 멘토수학학원	김보형 오엠지수학	김승민 분당파인만학원 중등부
김신행 꿈의 발걸음 영수학원	김영옥 탑클래스학원	김윤애 창의에듀학원	김윤정 한수위 CMS학원
김재현 타임영수학원	김제영 소마사고력학원	김주미 캠브리지수학	김주희 함께하는 영수학원
김진아 1등급 수학학원	김진아 수학의 자신감	김태환 다올수학전문학원	나미경 비엠아이수학학원
나성국 산본 페르마	민경록 민샘수학학원	박경아 뿌리깊은 수학학원	박양순 팩토수학학원
박윤미 오엠지수학	박형건 오엠지수학	송광호 루트원 수학학원	송민우 이은혜영수전문학원
유인호 수이학원	윤문성 평촌 수학의 봄날 입시학원	윤인한 위드클래스	윤혜진 마스터플랜학원
이규태 이규태수학	이대근 이대근수학전문학원	이미선 이룸학원	이세영 유앤아이 왕수학 학원
이수진 이수진수학전문학원	이윤호 중앙입시학원	이현희 폴리아에듀	이혜진 엔솔수학
임우빈 리얼수학	장영주 안선생수학학원	정영선 시퀀트 영수전문학원	정재숙 김앤정학원
정진희 비엠아이수학학원	정태용 THE 공감 쎈수학러닝센터 영수학원	조윤주 와이제이수학학원	조필재 샤인학원
천송이 하버드학원	최나영 올바른 수학학원	최병기 상동 왕수학 교실	최수정 이루다수학학원
한수진 비엠아이수학학원	한택수 평거 프리츠 특목관	홍준희 유일수학(상무캠퍼스)	우선혜

대한민국 수학학력평가의 개념이 바뀝니다.

KMA 한국수학학력평가

자세한 내용은 KMA 한국수학학력평가 홈페이지에서 확인하세요.

KMA 한국수학학력평가 홈페이지 바로가기 www.kma-e.com

중학수학

절대강자

특목에 강하다! **경시**에 강하다!

최상위

1·1

Structure 구성과 특징

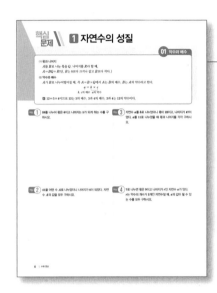

핵심문제

중단원의 핵심 내용을 요약한 뒤 각 단원에 직접 연관된 정통적인 문제와 원리를 묻는 문제들로 구성되었습니다.

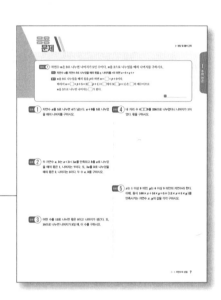

응용문제

핵심문제와 연계되는 단원의 대표 유형 문제를 뽑아 풀이에 맞게 풀어 본 후, 확인 문제로 대표적인 유형을 확실하게 정복할 수 있도록 하였습니다.

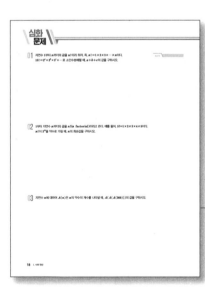

심화문제

단원의 교과 내용과 교과서 밖에서 다루어지는 심화 또는 상위 문제들을 폭넓게 다루어 교내의 각종 평가 및 경시대회에 대비하도록 하였습니다.

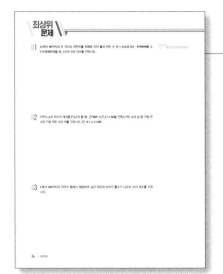

최상위문제

국내 최고 수준의 고난이도 문제들 특히 문제해결력 수준을 평가할 수 있는 양질의 문제만을 엄선하여 전국 경시대회, 세계수학올림피아드 등 수준 높은 대회에 나가서도 두려움 없이 문제를 풀 수 있게 하였습니다.

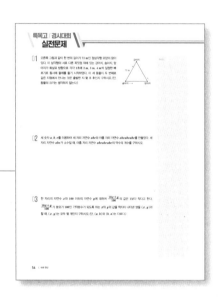

특목고/경시대회 실전문제

특목고 입시 및 경시대회에 대한 기출문제를 비교 분석한 후 꼭 필요한 문제들을 정리하여 풀어봄으로써 실전과 같은 연습을 통해 학생들의 창의적 사고력을 향상시켜 실제 문제에 대비할 수 있게 하였습니다.

1. 이 책은 중등 교육과정에 맞게 교재를 구성하였으며 단계별 학습이 가능하도록 하였습니다.

2. 문제 해결 과정을 통해 원리와 개념을 이해하고 교과서 수준의 문제뿐만 아니라 사고력과 창의력을 필요로 하는 새로운 경향의 문제들까지 폭넓게 다루었습니다.

3. 특목고, 영재고, 최상위 레벨 학생들을 위한 교재이므로 해당 학기 및 학년별 선행 과정을 거친 후 학습을 하는 것이 바람직합니다.

절.대.강.자
최.상.위
Contents 차례

I 수와 연산

(1) 몫과 나머지

A를 B로 나눈 몫을 Q, 나머지를 R라 할 때,

$A = BQ + R$(단, R는 0보다 크거나 같고 B보다 작다.)

(2) 약수와 배수

A가 B로 나누어떨어질 때, 즉 $A = B \times Q$에서 A는 B의 배수, B는 A의 약수라고 한다.

$$\underset{b,\ c\text{의 배수}}{a} = \underset{a\text{의 약수}}{b \times c}$$

예 $12 = 3 \times 4$이므로 12는 3의 배수, 3과 4의 배수, 3과 4는 12의 약수이다.

핵심 **1** 59를 나누어 몫은 6이고 나머지는 5가 되게 하는 수를 구하시오.

핵심 **2** 41을 어떤 수 A로 나누었더니 나머지가 6이 되었다. 자연수 A의 값을 모두 구하시오.

핵심 **3** 자연수 a를 b로 나누었더니 몫이 22이고, 나머지가 47이었다. a를 11로 나누었을 때 몫과 나머지를 각각 구하시오.

핵심 **4** 7로 나누면 몫은 9이고 나머지가 r인 자연수 a가 있다. r는 약수의 개수가 2개인 자연수일 때, a의 값이 될 수 있는 수를 모두 구하시오.

▶ 정답 및 풀이 2쪽

예제 1 자연수 n은 9로 나누면 나머지가 5인 수이다. n을 3으로 나누었을 때의 나머지를 구하시오.

Tip 자연수 a를 자연수 b로 나누었을 때의 몫을 q, 나머지를 r라 하면 $a=b \times q+r$

풀이 n을 9로 나누었을 때의 몫을 p라 하면 $n=\boxed{} \times p+5$이다.

따라서 $n=\boxed{} \times p+5=3(\boxed{} p+1)+\boxed{}$에서 $3(\boxed{} p+1)$은 $\boxed{}$의 배수이므로

n을 3으로 나누면 나머지는 $\boxed{}$가 된다.

답 _____

응용 1 자연수 a를 5로 나누면 4가 남는다. $a+9$를 5로 나누었을 때의 나머지를 구하시오.

응용 2 두 자연수 a, b는 $a<b<3a$를 만족하고 b를 a로 나누었을 때의 몫은 1, 나머지는 7이다. 또, $3a$를 b로 나누었을 때의 몫은 2, 나머지는 5이다. 두 수 a, b를 구하시오.

응용 3 어떤 수를 12로 나누면 몫은 8이고 나머지가 생긴다. 또, 10으로 나누면 나머지가 3일 때, 이 수를 구하시오.

응용 4 네 자리 수 $6\square\square9$를 236으로 나누었더니 나머지가 1이었다. 몫을 구하시오.

응용 5 x는 1 이상 9 미만, y는 0 이상 9 미만의 자연수라 한다. 이때, 등식 $100 \times x+10 \times y=5 \times(12 \times x+5 \times y)$를 만족시키는 자연수 x, y의 값을 각각 구하시오.

02 배수 찾기

특수한 수의 배수 찾는 법

① 3의 배수 : 각 자리의 숫자의 합이 3의 배수인 수

② 4의 배수 : 끝의 두 자리의 수가 00 또는 4의 배수인 수

③ 5의 배수 : 일의 자리의 숫자가 0 또는 5인 수

④ 6의 배수 : 각 자리의 숫자의 합이 3의 배수이고 짝수인 수

⑤ 8의 배수 : 끝의 세 자리의 수가 000 또는 8의 배수인 수

⑥ 9의 배수 : 각 자리의 숫자의 합이 9의 배수인 수

⑦ 11의 배수 : 주어진 수에서 홀수 번째의 숫자의 합과 짝수 번째의 숫자의 합의 차가 0 또는 11의 배수인 수

 1 2000에 가장 가까운 6의 배수를 구하시오.

 3 1에서 100까지의 자연수 중에서 21과의 공약수가 1뿐인 자연수의 개수를 구하시오.

 2 1000까지의 자연수 중에서 4의 배수이면서 3의 배수가 아닌 자연수는 모두 몇 개인지 구하시오.

 4 네 자리의 자연수 54□8이 3의 배수일 때 □ 안에 들어갈 수 있는 수 중에서 가장 작은 수를 구하시오.

예제 2 두 자리의 자연수를 십의 자리와 일의 자리의 숫자를 바꾸어 다른 수를 만들었다. 이 두 수의 합은 어떤 수의 배수인지 구하시오.

Tip 십의 자리의 숫자를 a, 일의 자리의 숫자를 b라 하면 두 자리의 자연수는 $10a+b$이다.

풀이 십의 자리의 숫자를 a, 일의 자리의 숫자를 b라 하면

$$(10a+b)+(\boxed{})=(10+1)a+(1+10)b=\boxed{}(a+b)$$

따라서 두 수의 합은 $\boxed{}$의 배수이다.　　　　　　　　**답** _____

응용 1 1, 2, 3, 4의 수 중에서 서로 다른 세 개의 수를 이용하여 만들 수 있는 자연수 중 3의 배수는 모두 몇 개인지 구하시오.

응용 3 두 수 a, b는 자연수이고, $a<x<b$인 자연수 x 중에서 3과 4의 배수이면서 5의 배수가 아닌 자연수의 개수를 $n(a◎b)$로 나타낼 때, $n(1000◎2000)$의 값을 구하시오.

응용 2 네 자리의 수 $1\square2\square$가 2, 3, 4, 5, 9의 배수일 때 $\square$ 안에 알맞은 수를 차례로 구하시오.

응용 4 a, b가 한 자리의 자연수일 때, 세 자리의 두 자연수 $a41$, $4b8$에 대하여 다음이 성립한다.

$$127+a41=4b8$$

$4b8$이 9의 배수라고 할 때, $a+b$의 값을 구하시오.

03 소인수분해

(1) 소수와 거듭제곱

    ① 소수 : 1이 아닌 자연수 중 1과 그 자신만을 약수로 가지는 자연수, 약수가 2개인 자연수

    ② 합성수 : 1이 아닌 자연수 중 소수가 아닌 수, 약수가 3개 이상인 자연수

    ③ 거듭제곱 : 같은 수나 문자를 거듭하여 곱한 것

(2) 소인수분해

    ① 소인수분해 : 소수들만의 곱으로 나타낸 것(같은 소인수의 곱은 거듭제곱으로 나타낸다.)

    ② 자연수의 제곱수 : 소인수분해했을 때, 소인수의 거듭제곱의 지수가 모두 짝수이다.

(3) 약수의 개수 구하기

    $N = a^l \times b^m \times c^n$(단, a, b, c는 서로 다른 소수)으로 소인수분해했을 때

    ① N의 약수 : (a^l의 약수)$\times$(b^m의 약수)$\times$(c^n의 약수)

    ② N의 약수의 개수 : $(l+1) \times (m+1) \times (n+1)$개

    ③ N의 약수의 총합 : $(1+a^1+a^2+\cdots+a^l) \times (1+b^1+b^2+\cdots+b^m) \times (1+c^1+c^2+\cdots+c^n)$

    ④ N의 약수의 곱 $\begin{cases} N^{\frac{(\text{약수의 개수})}{2}} & \leftarrow \text{약수의 개수가 짝수일 때} \\ N^{\frac{(\text{약수의 개수})-1}{2}} \times (\text{제곱해서 } N\text{이 되는 수}) & \leftarrow \text{약수의 개수가 홀수일 때} \end{cases}$

핵심 ① 525에 될 수 있는 대로 작은 자연수를 곱하여 어떤 자연수의 제곱이 되게 하려고 할 때, 곱해야 할 수를 구하시오.

핵심 ② a, b, c가 자연수일 때, $24a = 90b = c^2$을 만족하는 c 중에서 최솟값을 구하시오.

핵심 ③ 40의 약수의 개수를 a, 약수의 총합을 b라고 할 때, $b-a$의 값을 구하시오.

핵심 ④ 24의 모든 약수의 곱이 $2^a \times 3^b$의 꼴로 나타내어질 때, a, b의 값을 각각 구하시오.

예제 3 $N=2^4 \times A$의 약수가 15개일 때, A의 값 중 두 번째로 작은 자연수를 구하시오. (단, A는 자연수)

Tip 자연수 N을 소인수분해하였을 때 $a^p \times b^q$이라 하면 N의 약수의 개수는 $(p+1) \times (q+1)$개이다.

풀이 약수의 개수가 15개이므로 N의 소인수분해는 $N=a^{14}$ 또는 $N=a^2 \times b^{\square}$의 꼴이어야 한다.

$N=a^{14}$인 경우, $N=2^4 \times A$에서 $A=2^{10}$

$N=a^2 \times b^{\square}$인 경우, $N=2^4 \times A$이므로 $A=3^2, \square^2, 7^2, \cdots$이다.

이 모든 경우에서 두 번째로 작은 자연수는 $\square$이다.   답 _____

응용 1 $1 \times 2 \times 3 \times \cdots \times 10$을 소인수분해하면 $2^x \times 3^y \times 5^z \times 7$이다. 이때 자연수 x, y, z에 대하여 $x+y+z$의 값을 구하시오.

응용 2 200보다 작은 자연수 중에서 약수의 개수가 홀수인 수의 개수를 구하시오.

응용 3 약수의 개수가 8개인 수 중 가장 작은 수를 구하시오.

응용 4 다음 중 옳지 _않은_ 것을 모두 고르시오.

> **보기**
>
> ㄱ. 1은 소수이다.
> ㄴ. 서로 다른 두 소수의 곱으로 이루어진 자연수의 약수의 개수는 항상 4개이다.
> ㄷ. p가 소수일 때, p^2은 약수의 개수가 짝수 개이다.

응용 5 자연수 x를 소인수분해했을 때 나타나는 모든 소인수의 합을 $S(x)$라 하자. 즉, $1250=2 \times 5 \times 5 \times 5 \times 5$이므로 $S(1250)=2+5+5+5+5=22$이다. 어떤 자연수 m을 소인수분해하면 세 개의 소수가 나타나고, $S(m)=14$라 할 때, m의 값 중 가장 큰 값의 약수의 개수를 구하시오.

04 공약수와 최대공약수

(1) 최대공약수
  ① 공약수(공통인 약수) 중 가장 큰 수
  ② 공약수는 최대공약수의 약수이다.
(2) 서로소 : 최대공약수가 1인 두 자연수
(3) 최대공약수의 성질 : 공약수는 최대공약수의 약수
(4) 최대공약수의 활용
  다음과 같이 크기를 균등하게 나누거나 무엇인가를 분배하는 활용 문제에서 '가능한 한 많은', '가장 긴', '가장 큰' 등의 표현이 있으면 최대공약수를 이용한다.
  ① 직사각형을 가장 큰 정사각형으로 채우는 문제
  ② 두 종류 이상의 물건을 가능한 한 많은 사람들에게 나누어 주는 문제
  ③ 몇 개의 자연수를 동시에 나누는 가장 큰 자연수를 구하는 문제

핵심 1 x가 100보다 작은 자연수일 때, 다음 **조건**을 만족하는 x의 값을 모두 구하시오.

> **조건**
> ㈎ x와 36의 최대공약수는 12이다.
> ㈏ x와 40의 최대공약수는 8이다.

핵심 2 200을 x로 나누면 4가 남고, 100을 x로 나누면 2가 남는다. 가장 큰 자연수 x를 구하시오.

핵심 3 가로, 세로의 길이와 높이가 각각 **36 cm**, **48 cm**, **60 cm**인 직육면체 모양의 나무토막이 있다. 이것을 잘라 남는 부분이 없이 모두 같은 크기의 가능한 한 큰 정육면체 모양의 나무토막으로 만들려고 한다. 이때, 정육면체 모양의 나무토막의 한 모서리의 길이를 구하시오.

핵심 4 볼펜 26자루, 연필 42자루, 공책 15권을 되도록 많은 학생들에게 똑같이 나누어 주려고 하는데 볼펜과 연필은 각각 2자루씩 남고 공책은 1권이 부족하였다. 나누어 줄 수 있는 최대 학생 수를 구하시오.

예제 **4** 세 개의 자연수 166, 131, 96을 자연수 n으로 나누면 나머지가 각각 4, 5, 6이다. 이러한 n은 모두 몇 개인지 구하시오.

Tip 각각의 나머지를 뺀 수들을 n으로 나누면 나누어떨어진다.

풀이 각각의 나머지를 뺀 162, 126, ☐의 최대공약수를 구하면

$162 = 2 \times 3^4$, $126 = 2 \times 3^2 \times 7$, $90 = 2 \times$ ☐$^2 \times 5$이므로 최대공약수는 $2 \times$ ☐$^2 =$ ☐이다.

따라서 ☐의 약수 중에서 가장 큰 나머지인 6보다 큰 수는 ☐, ☐이다.   답 _____

응용 **1** 세 자연수 13511, 13903, 14589를 A로 나누었을 때, 나머지가 같도록 하는 자연수 A의 값 중 가장 큰 수를 구하시오.

응용 **3** 두 자연수 A, B의 최대공약수를 $A \odot B$로 나타내기로 약속할 때, $\left(\dfrac{A \odot A}{A \odot B} \odot \dfrac{B \odot B}{A \odot B} \right) \odot A$의 값을 구하시오.

응용 **4** 네 변의 길이가 48 m, 120 m, 72 m, 168 m인 사각형 모양의 광장이 있다. 이 광장의 둘레에 같은 간격으로 가로등을 세우려고 한다. 네 모퉁이에는 반드시 가로등을 세우고 가로등은 될 수 있는 한 적게 사용하려고 할 때, 필요한 가로등의 개수를 구하시오. (단, 가로등의 두께는 무시한다.)

응용 **2** 세 자연수 a, b, c가 있다. $a + b + c = 1111$일 때, a, b, c의 최대공약수 중 가장 큰 값을 구하시오.

05 공배수와 최소공배수

(1) 최소공배수
  ① 공배수(공통인 배수) 중 가장 작은 수
  ② 공배수는 최소공배수의 배수이다.

(2) 공배수의 성질
  ① 서로소인 두 자연수의 최소공배수는 두 자연수의 곱과 같다.
  ② 두 개 이상의 자연수의 공배수는 그 수들의 최소공배수의 배수이다.

(3) 최소공배수의 활용
  다음과 같이 작은 것을 모아 큰 것을 만들거나 서로 다른 속력으로 움직이는 두 사람이 만나는 활용 문제에서 '가능한 한 작은', '최소한의', '될 수 있는 한 적은 개수' 등의 표현이 있으면 최소공배수를 이용한다.
  ① 같은 크기의 직육면체를 쌓아 가장 작은 정육면체를 만드는 문제
  ② 두 물체가 다시 동시에 출발하는 시각을 구하는 문제
  ③ 몇 개의 자연수로 동시에 나누어떨어지는 가장 작은 자연수를 구하는 문제

 세 자연수 14, 28, a의 최소공배수가 112일 때, a의 값이 될 수 있는 수들의 합을 구하시오.

 1부터 10까지의 자연수를 모두 약수로 가지는 가장 작은 자연수를 구하시오.

 3, 4, 5, 6의 어느 수로 나누어도 나머지가 2인 세 자리의 자연수 중 가장 큰 수를 7로 나눈 나머지를 구하시오.

 A가 4일간 일하고 하루 쉬고, B는 5일간 일하고 이틀 간 쉬기로 하였다. 이와 같이 두 사람이 일을 동시에 시작하여 1년 동안 일한다면, 두 사람이 같이 쉬는 날은 며칠인지 구하시오. (단, 1년은 365일이다.)

예제 5 운동장을 한 바퀴 도는 데 정민이는 40초, 중현이는 50초가 걸렸다. 이 속력으로 두 사람이 8시 10분에 같은 곳에서 출발하여 같은 방향으로 운동장을 돌 때, 두 사람이 다섯 번째로 출발점에서 다시 만나는 시각을 구하시오.

Tip 정민이는 40, 80, 120, 160, … 초에 출발점에 도착하고 중현이는 50, 100, 150, … 초에 출발점에 도착한다.
즉, 두 사람이 출발점에서 다시 만나는 경우는 40과 50의 공배수일 때이다.

풀이 정민이는 40, 80, 120, 160, … 초에, 중현이는 50, 100, 150, … 초에 출발점에 도착한다.
40과 50의 최소공배수는 ☐이므로 정민이와 중현이가 200초, 400초, ☐초, … 후에 출발점에서 만난다.
따라서 다섯 번째로 출발점에서 만나는 시각은 1000초＝☐분 ☐초이므로 8시 ☐분 ☐초이다.

답 _____

응용 1 어느 역에서 A, B 기차의 첫차는 오전 6시에 동시에 출발하고 A 기차는 20분마다, B 기차는 35분마다 출발한다고 한다. 오후 8시에 막차가 출발한다면, A, B 기차는 하루 동안 몇 번이나 동시에 출발하는지 구하시오.

응용 2 1부터 2024까지의 자연수 중에서 12와 18의 어떤 수로도 나누어떨어지지 않는 수의 개수를 구하시오.

응용 3 어느 학교에서 실시하는 갯벌 탐사 여행에 150명에 가까운 수의 학생이 참가하였다. 각 조에 학생을 배정할 때, 한 조에 4명, 6명, 9명씩 어느 인원으로 배정하여도 항상 3명이 남는다고 한다. 이 탐사 여행에 참가한 학생 수를 구하시오.

응용 4 오른쪽 그림과 같이 크기와 모양이 같은 여러 개의 삼각형을 점 O을 중심으로 차례대로 붙여서 놓으려고 한다. 이 작업을 계속해 나갈 때, 몇 번째 삼각형이 처음으로 첫 번째 삼각형과 완전히 겹쳐지는지 구하시오.

06 최대공약수와 최소공배수의 관계

(1) 두 수 A, B의 최대공약수를 G, 최소공배수를 L이라 하면

　　$A=G\times a$, $B=G\times b$ (a, b는 서로소)

　　① $L=G\times a\times b=a\times B=A\times b$

　　② $L\times G=a\times b\times G\times G=A\times B$

(2) 두 분수 $\dfrac{b}{a}$, $\dfrac{d}{c}$ 중 어느 것에 곱해도 자연수가 되는 가장 작은 분수는 $\dfrac{(a,\ c\text{의 최소공배수})}{(b,\ d\text{의 최대공약수})}$ 이다.

핵심 1 곱이 4725이고, 최대공약수는 15일 때, 두 수의 최소공배수를 구하시오.

핵심 3 최소공배수가 240인 세 자연수의 비가 4 : 5 : 6이다. 세 자연수의 최대공약수를 구하시오.

핵심 2 세 자연수 90, 108, a의 최대공약수가 18, 최소공배수가 540이다. a가 108보다 큰 자연수일 때, a의 값을 모두 구하시오.

핵심 4 두 분수 $\dfrac{35}{6}$와 $\dfrac{28}{5}$의 어느 것에 곱하여도 자연수가 되게 하는 분수 중 가장 작은 수를 구하시오.

예제 6 자연수 m, n에 대하여 $m \triangle n$은 m과 n의 최소공배수, $m \odot n$은 m과 n의 최대공약수로 정의할 때, 다음 물음에 답하시오.

(1) $252 \triangle m = 252$를 만족하는 자연수 m의 개수를 구하시오.

(2) $108 \odot n = 1$을 만족하는 108보다 작은 자연수 n의 개수를 구하시오.

Tip a가 b의 약수 $\iff$ a와 b의 최대공약수$=a$, 최소공배수$=b$

두 수 a와 b의 최대공약수나 최소공배수가 다시 a나 b가 나오는 경우의 문제이다.

a와 b의 최대공약수가 a이면 a는 b의 약수이다.

a와 b의 최소공배수가 a이면 a는 b의 배수이다.

자연수 $N = p^a q^b r^c \cdots$으로 소인수분해될 때 N의 약수의 개수는 $(a+1)(b+1)(c+1)\cdots$이다.

풀이 (1) (252와 m의 최소공배수)$=252$이므로 m은 252의 약수

252를 소인수분해하면 $2^2 \times 3^2 \times 7$이므로 약수의 개수는 $3 \times 3 \times \boxed{} = \boxed{}$(개)

(2) (108과 n의 최대공약수)$=1$이므로 108과 n은 서로소

108을 소인수분해하면 $2^2 \times 3^3$이므로 108과 서로소인 n은 2나 3의 배수가 아닌 108보다 작은 수이다.

108 이하의 수 중 2의 배수는 54개, 3의 배수는 36개이고 2와 3의 최대공약수인 6의 배수는 $\boxed{}$개이므로

108 이하의 수 중 2나 3의 배수가 아닌 수는 $108 - (54 + 36 - \boxed{}) = \boxed{}$(개)

답 _____

응용 1 두 자연수의 최대공약수는 3이고 최소공배수는 36이다. 두 수의 합이 21일 때, 두 수의 차를 구하시오.

응용 2 세 분수 $\dfrac{15}{4}$, $\dfrac{25}{6}$, $\dfrac{35}{8}$ 중 어느 것을 곱해도 자연수가 되는 분수 중 두 번째로 작은 수를 구하시오.

응용 3 $A < B$인 두 자리 자연수 A, B의 최소공배수는 120이고 $A \times B = 960$이다. 이때 자연수 A의 값을 구하시오.

응용 4 50 이하의 두 자연수 A, B의 최대공약수는 12이고, 최소공배수는 144일 때, $A + B$의 값을 구하시오.

01 자연수 1부터 n까지의 곱을 $n!$이라 하자. 즉, $n! = 1 \times 2 \times 3 \times \cdots \times n$이다.
$18! = 2^a \times 3^b \times 5^c \times \cdots$로 소인수분해될 때, $a+b+c$의 값을 구하시오.

NOTE

02 1부터 자연수 n까지의 곱을 $n!(n \ \mathbf{factorial})$이라고 쓴다. 예를 들어, $5! = 1 \times 2 \times 3 \times 4 \times 5$이다.
$n!$이 2^{10}을 약수로 가질 때, n의 최솟값을 구하시오.

03 자연수 n에 대하여 $A(n)$은 n의 약수의 개수를 나타낼 때, $A(A(A(360)))$의 값을 구하시오.

04 자연수 A는 $2^3 \times 3^2 \times 5^2 \times 7$로 소인수분해될 때, 자연수 A를 서로소인 두 수의 곱으로 나타내려고 한다. 자연수 A를 서로소인 두 수의 곱으로 나타낼 수 있는 방법은 모두 몇 가지인지 구하시오.

05 72와 N의 최대공약수는 120이고, $72+N$은 13의 배수일 때, 두 자리의 자연수 N을 구하시오.

06 $\dfrac{n^2}{12}$, $\dfrac{n^3}{40}$, $\dfrac{n^4}{45}$이 모두 자연수일 때, 자연수 n의 최솟값을 구하시오.

07 네 자리 자연수 $23a5$에 2413을 더하였더니 네 자리 자연수 $47b8$이 되었다. $47b8$이 3의 배수일 때, $a+b$의 값을 모두 구하시오.

08 $\dfrac{245-k}{270}$를 분자, 분모의 최대공약수로 나누어 약분하였더니 분자가 3의 배수였다. 이것을 만족하는 자연수 k 중 가장 작은 수를 구하시오.

09 반지름이 각각 9, 6, 5인 세 원을 오른쪽 그림과 같이 선 위로 굴릴 때, 세 원 위의 세 점 A, B, C가 m만큼 가서 다시 만난다. 최소 거리 m을 구하시오. (단, 원주율은 3으로 계산한다.)

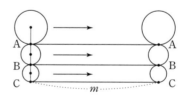

10 d는 0보다 크고 9보다 작은 자연수이다. $d3739d0$이 60의 배수일 때, 자연수 d의 값을 구하시오.

11 250 이하의 자연수를 모두 곱한 값이 10^n으로 나누어떨어지도록 하는 가장 큰 자연수 n의 값을 구하시오.

12 1에서 1000까지의 자연수를 연속하도록 세 수씩 묶어 다음과 같이 차례로 배열하였다. 이때 세 수의 합이 15의 배수가 되는 것은 몇 묶음인지 구하시오.

$(1, 2, 3), (2, 3, 4), (3, 4, 5), \cdots, (998, 999, 1000)$

13 두 자연수 A, B의 최대공약수는 11이고, 두 수의 곱은 2541이다. A, B가 모두 두 자리의 자연수일 때, $A+B$와 $A-B$의 최대공약수를 구하시오. (단, $A-B>0$)

14 189에 자연수를 곱하여 어떤 수의 제곱이 되게 하려고 한다. 곱해야 하는 가장 작은 자연수를 a, 두 번째로 작은 자연수를 b라 할 때, $a+b$의 값을 구하시오.

15 자연수 m부터 시작하여 n개의 연속한 자연수의 합이 $5\times k$와 같이 5의 배수가 될 때, $《m, n》=k$로 나타내기로 한다. 예를 들어 $1+2+3+4=10=5\times 2$이므로 $《1, 4》=2$이고, $2+3=5=5\times 1$이므로 $《2, 2》=1$이다.
이때 $《a, 5》=25$, $《19, b》=12$를 만족시키는 a, b에 대하여 $a+b$의 값을 구하시오.

16 다음 표는 1부터 50까지의 자연수에 대하여 약수의 개수에 대응되는 자연수의 개수를 나타낸 표이다. $a+b+c$의 값을 구하시오.

약수의 개수(개)	1	2	3	4	5	⋯
자연수의 개수(개)	1	a	b	c	1	⋯

17 다연이는 사과를 아이들에게 똑같이 나누어 주려고 한다. 6개씩 나눠주면 1개가 남고, 8개씩 나눠주면 5개가 부족하고, 9개씩 나눠주면 4개가 남을 때 다연이가 가지고 있는 사과의 개수로 가능한 수들의 합을 구하시오. (단, 사과의 개수는 200개보다 적다.)

18 150 이하의 자연수 중 2, 3, 4, 5, 6 어느 수로도 나누어떨어지지 않는 수의 개수를 구하시오.

01 15부터 99까지의 두 자리의 자연수를 차례로 이어 붙여 만든 수 $N=15161718\cdots979899$를 소인수분해하였을 때, 소인수 3의 지수를 구하시오.

02 자연수 a의 약수의 개수를 $f(a)$라 할 때, $f(360)\times f(x)=96$을 만족시키는 x의 값 중 가장 큰 수와 가장 작은 수의 차를 구하시오. (단, $0<x\le 100$)

03 1에서 100까지의 자연수 중에서 제곱하여 십의 자리의 숫자가 홀수가 나오는 수의 개수를 구하시오.

04 다음과 같은 규칙으로 계산할 때 여섯 번째 식의 결과값을 구하시오.

$$1^3 = 1 \qquad \text{(첫 번째)}$$
$$1^3 + 2^3 = 9 \qquad \text{(두 번째)}$$
$$1^3 + 2^3 + 3^3 = 36 \qquad \text{(세 번째)}$$
$$\vdots$$

05 n을 1 이상 200 이하의 자연수라 할 때, $2^n - 1$이 5의 배수가 되도록 하는 모든 n의 값의 합을 구하시오.

06 A, B 두 개의 톱니가 서로 맞물려 돌아가고 있다. A의 톱니 수는 6개, B의 톱니 수는 8개이고, ①~⑥, ①~⑧까지의 번호가 그림과 같이 적혀 있다. 처음에 ①과 ①을 맞물려 톱니바퀴 B를 시계 방향으로 10바퀴 돌리고 멈추었다면 같은 번호가 맞물린 것은 몇 번인지 구하시오.

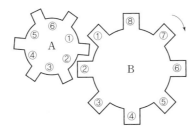

NOTE

07 모든 자리의 숫자가 0 또는 8인 자연수 중에서 15의 배수인 가장 작은 수를 x라 할 때, $\dfrac{x}{15}$의 값을 구하시오.

08 자연수 n을 소인수분해할 때, 소인수 3의 최대 지수를 $f(n)$으로 나타내기로 한다. 예를 들면, $6=2\times3$이므로 $f(6)=1$, $18=2\times3^2$이므로 $f(18)=2$이다. n이 세 자리 자연수일 때, $f(n)=3$이 되는 n는 몇 개인지 구하시오.

09 오른쪽 그림과 같은 한 변의 길이가 100인 정사각형 $\mathbf{ABCD}$의 내부에 가로가 5, 세로가 4인 직사각형을 배열할 때, 대각선 $\mathbf{BD}$와 만나는 직사각형의 개수를 구하시오. (단, 꼭짓점만 지나는 것은 제외한다.)

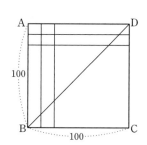

10 다섯 개의 자연수 a, b, c, d, e에서 a와 b의 곱은 72, b와 c의 곱은 108, c와 d의 곱은 60, d와 e의 곱은 500이다. 이런 조건을 만족시키는 자연수의 순서쌍 (a, b, c, d, e)를 모두 구하시오.

NOTE

11 $120 \times a = b^2$을 만족시키는 가장 작은 자연수 a, b와 자연수 m에 대하여 $\dfrac{a+b}{m}$는 어떤 자연수의 제곱수이다. 이때 m의 값을 모두 찾아 그 합을 구하시오.

12 천의 자리의 숫자가 a, 일의 자리 숫자가 b인 다섯 자리의 수 $2a58b$가 18의 배수일 때, $10a \times b$의 값을 구하시오. (단, $0 < b < a$)

13 두 자연수 a, b의 최대공약수를 d라 하면 d는 자연수 r, s에 의해 $d=sb-ra$로 나타내어진다고 한다. $a=221$, $b=91$일 때, $r+s$의 값을 구하시오.

14 두 자연수 A, B의 합이 56이고, A와 B의 최소공배수를 최대공약수로 나누면 몫이 10으로 나누어 떨어진다고 한다. 이때 $B-A$의 값을 구하시오. (단, $A<B$)

15 오른쪽 그림과 같이 반지름의 길이가 각각 r m, $3r$ m인 원형의 산책로가 점 P에서 접해 있다. 슬기는 초속 4 m, 요섭이는 초속 3 m의 일정한 속력으로 점 P에서 동시에 출발하여 시계 방향으로 슬기는 큰 원, 요섭이는 작은 원 둘레를 각각 돌았다. 슬기가 30바퀴 도는 동안 두 사람은 몇 번 만나겠는지 구하시오. (단, 원주율은 3으로 계산한다.)

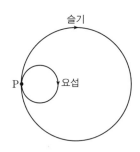

16 $N=1!+3!+5!+\cdots+(2n-1)!$일 때, N을 10으로 나눈 나머지를 구하시오.

(단, $n!=n\times(n-1)\times(n-2)\times\cdots\times3\times2\times1$, n은 4 이상의 자연수)

NOTE

17 $\dfrac{1}{4}$과 $\dfrac{4}{5}$ 사이의 분수 중에서 어떤 자연수를 분자에는 더하고 분모에는 곱하여도 그 값이 변하지 않는 기약분수들을 모두 찾으려고 한다. 이를 만족시키는 기약분수의 분모를 모두 합한 값을 구하시오.

18 1000 미만의 자연수 A의 각 자리의 숫자의 합에 13을 곱하면 다시 A가 된다고 한다. 이러한 수 A를 모두 구하였을 때, 그 합은 얼마인지 구하시오.

2 정수와 유리수

(1) 유리수 : 두 정수 a, b에 대하여 $\dfrac{a}{b}$(단, $b \neq 0$)꼴로 나타낼 수 있는 수

(2) 유리수의 분류

$$\text{유리수} \begin{cases} \text{정수} \begin{cases} \text{양의 정수(자연수)} : +1, +2, +3, \cdots \\ 0 \\ \text{음의 정수} : -1, -2, -3, \cdots \end{cases} \\ \text{정수가 아닌 유리수} : \dfrac{1}{3}, -\dfrac{2}{7}, 0.3, 1.2, \cdots \end{cases}$$

(3) 유리수와 수직선

직선 위에 기준점을 0(원점)으로 하고 원점의 좌우에 일정한 간격으로 점을 잡아 원점의 오른쪽에 양수를, 왼쪽에 음수를 대응시킨 직선

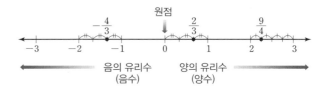

핵심 1 다음 수들에 대한 설명 중 옳지 <u>않은</u> 것을 모두 고르면?

(정답 2개)

$$-\frac{6}{7}, \quad -1, \quad -4.3, \quad 11, \quad 0.9, \quad \frac{17}{34}, \quad 0$$

① 양수는 3개이다.
② 음의 정수는 1개이다.
③ 자연수는 2개이다.
④ 정수가 아닌 유리수는 3개이다.
⑤ 양이 아닌 유리수의 개수는 모두 4개이다.

핵심 2 다음 중 옳은 설명을 한 학생 수를 구하시오.

> 가람 : 정수는 자연수에 포함된다.
> 나영 : 0은 자연수가 아니다.
> 다슬 : 정수를 $-3 = -\dfrac{3}{1}$과 같이 분모가 1인 분수로 나타낼 수 있기 때문에 정수는 유리수에 포함된다.
> 루희 : 가장 큰 양의 정수는 1이다.
> 명기 : -2와 0 사이에는 유리수가 1개 있다.
> 보라 : 양의 정수와 음의 정수 사이에는 반드시 1개 이상의 정수가 존재한다.

핵심 3 오른쪽 그림과 같은 구조로 구성된 방이 있다. 입구에서 출발하여 각 방에서 문(DOOR)에 쓰여진 문구가 참인 문을 통과할 때, 마지막에 도착하는 출구를 말하시오.

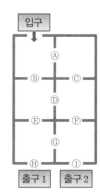

각 문(DOOR)에 쓰여진 문구는 다음과 같다.
Ⓐ 0은 가장 작은 자연수이다.
Ⓑ 모든 정수는 유리수이다.
Ⓒ 유리수는 양수와 음수로 나누어진다.
Ⓓ 유리수 중에서 분모가 0이 아닌 분수의 꼴로 나타낼 수 없는 것은 하나도 없다.
Ⓔ 1.2, $-\dfrac{10}{5}$, 3.6은 정수가 아닌 유리수이다.
Ⓕ 어떤 유리수보다 1 작은 수는 수직선 위에 항상 나타낼 수 있다.
Ⓖ 2는 수직선 위에 나타낼 수 있지만 0.25는 수직선 위에 나타낼 수 없다.
Ⓗ 서로 다른 두 정수 사이에는 무수히 많은 정수가 존재한다.
Ⓘ 서로 다른 두 유리수 사이에는 무수히 많은 유리수가 존재한다.

I

수와 연산

예제 1 유리수 a에 대하여 $\langle a \rangle = \begin{cases} 1(a\text{는 정수}) \\ 2(a\text{는 정수가 아닌 유리수}) \end{cases}$ 라 할 때, 다음 식을 만족시키는 k의 값이 될 수 있는 것을 모두 고르면?

$$\langle k \rangle + \langle -1000 \rangle + \left\langle \frac{5678}{1234} \right\rangle - \left\langle \frac{6}{3} \right\rangle = 4$$

① -3.2 ② -5 ③ -1234 ④ 0.01 ⑤ $\frac{14}{7}$

Tip $\langle -1000 \rangle$, $\left\langle \frac{5678}{1234} \right\rangle$, $\left\langle \frac{6}{3} \right\rangle$의 값을 먼저 구한 후 식을 간단히 하여 $\langle k \rangle$의 값을 구할 수 있다.

풀이 $\langle k \rangle + \langle -1000 \rangle + \left\langle \frac{5678}{1234} \right\rangle - \left\langle \frac{6}{3} \right\rangle = \langle k \rangle + 1 + \boxed{} - 1 = 4$

따라서 $\langle k \rangle = \boxed{}$이므로 k의 값은 정수가 아닌 유리수이다.

답 _____

응용 1 세 학생의 대화 내용을 모두 만족시키는 수들에 대한 설명으로 옳지 **않은** 것은?

> 창민 : 이 수들은 모두 분모가 0이 아닌 분수 꼴로 나타낼 수 있어.
> 영찬 : 이 수들이 나타내는 점들을 수직선 위에 나타냈을 때, 모두 0을 나타내는 점보다 왼쪽에 있구나!
> 혜진 : 어? 정수는 아니야.

① 가장 큰 수는 알 수 없다.
② 가장 작은 수는 알 수 없다.
③ -1보다 크고 분모가 3인 수는 2개야.
④ 세 학생이 설명하는 수들을 제외한 나머지 유리수들은 모두 양수이다.
⑤ -4와 -3 사이에는 세 학생이 설명하는 수가 무수히 많다.

응용 2 다음 수 중에서 양의 유리수의 개수를 a, 음의 유리수의 개수를 b, 정수가 아닌 유리수의 개수를 c라 할 때, $a \times b \times c^2$의 약수의 개수를 구하시오.

$$4.8, \quad -7, \quad -\frac{16}{5}, \quad 0, \quad \frac{121}{11}, \quad 927, \quad 0.5$$

응용 3 5명의 학생 A, B, C, D, E가 앞을 보고 한 줄로 서 있는데 그 위치가 다음 **조건**을 모두 만족시킨다. 학생 A의 위치를 기준으로 수직선 위에 B, C, D, E 학생들의 위치를 점으로 나타내시오. (단, 수직선의 한 눈금의 간격은 1 m 이다.)

> **조건**
> ㈎ A의 뒤에는 1명이 있다.
> ㈏ D는 E보다 3 m 뒤에 서 있다.
> ㈐ D는 C보다 9 m 앞에 서 있다.
> ㈑ A는 D보다 7 m 뒤에 서 있다.
> ㈒ B는 맨 앞사람과 맨 뒷사람의 한가운데에 있다.

02 유리수의 절댓값과 대소 관계

(1) **절댓값** : 수직선 위에서 어떤 수 a를 나타내는 점과 원점 사이의 거리를 그 수의 절댓값이라 하며, 기호 | |를 사용하여 나타낸다.

➡ $a \geq 0$이면 $|a| = a$, $a < 0$이면 $|a| = -a$

참고 $|a| = |b| \Longleftrightarrow a = -b$ 또는 $a = b$

(2) 유리수의 절댓값과 대소 관계
① (음수) $<$ 0 $<$ (양수)
② 두 양수 a, b에 대하여 $|a| > |b|$이면 $a > b$
③ 두 음수 a, b에 대하여 $|a| > |b|$이면 $a < b$

오른쪽으로 갈수록 크다.

절댓값이 클수록 작다.　　절댓값이 클수록 크다.

핵심 1 다음 중 옳지 <u>않은</u> 것을 모두 고르시오.

> ㄱ. 절댓값이 가장 작은 정수는 0이다.
> ㄴ. 가장 작은 양의 정수는 구할 수 없다.
> ㄷ. 두 음수 중 절댓값이 큰 수가 작다.
> ㄹ. 음이 아닌 유리수 a에 대하여 $|x| = a$를 만족시키는 x의 값은 항상 2개이다.
> ㅁ. 절댓값이 2.5 이하인 정수는 4개이다.
> ㅂ. $a > 0$이면 $|-2a| = 2a$이다.

핵심 2 서로 다른 두 유리수 a, b에 대하여
$a \star b = (a, b$ 중 절댓값이 큰 수$)$
$a \bigstar b = (a, b$ 중 절댓값이 작은 수$)$라 할 때,
$\left\{ (-2.5) \bigstar \dfrac{17}{4} \right\} \bigstar \left\{ \dfrac{7}{4} \star \left(-\dfrac{5}{6} \right) \right\}$의 값을 구하시오.

핵심 3 $b < 0$일 때, $-|2b| + 3|b| + (-|-4b|)$를 간단히 하시오.

핵심 4 다음 수들에 대한 설명 중 옳은 것은?

> $3.5, \quad -7, \quad \dfrac{7}{4}, \quad 0.024, \quad -\dfrac{1}{3}, \quad 0, \quad \dfrac{30}{15}$

① 가장 큰 수는 $\dfrac{30}{15}$이다.
② 절댓값이 가장 큰 수는 3.5이다.
③ 위 수들을 수직선 위에 나타냈을 때, 왼쪽에서 세 번째로 있는 수는 0.024이다.
④ -0.25보다 작은 수는 2개이다.
⑤ $|-7|$과 절댓값이 가장 작은 수의 합은 0이다.

핵심 5 두 유리수 $-\dfrac{4}{3}$와 3.25 사이에 있는 수 중에서 분모가 12이고 정수가 아닌 유리수의 개수를 구하시오.

예제 **2** $|a|=6$, $|b|=9$이고, $a-b$의 값 중 가장 큰 값을 M, 가장 작은 값을 m이라 할 때, $M-m$의 값을 구하시오.

Tip $a\geq0$, $b\geq0$일 때,
① $|x|=a$, $|y|=b$이면 $x+y$의 최댓값은 $a+b$, 최솟값은 $-a+(-b)$
② $|x|=a$, $|y|=b$이면 $x-y$의 최댓값은 $a-(-b)=a+b$, 최솟값은 $-a-b$

풀이 $|a|=6$, $|b|=9$이므로 최댓값 $M=6-(\boxed{})=\boxed{}$, 최솟값 $m=\boxed{}-9=\boxed{}$이다.

따라서 $M-m=15-(\boxed{})=\boxed{}$

답 _____

응용 **1** $a>b$인 두 정수 a, b에 대하여 a와 b의 절댓값의 합이 5이다. 이때 두 정수 a, b의 순서쌍 (a, b)의 개수를 구하시오.

응용 **3** a, b는 정수이고 $a\times|a+b|=15$일 때, 순서쌍 (a, b)를 모두 구하시오. (단, $|a|>1$)

응용 **4** 다음 조건을 모두 만족하는 세 정수 a, b, c의 값을 각각 구하시오.

(가) $a+b+c=6$
(나) $a\times b\times c=-12$
(다) $|a|<|b|<|c|$

응용 **2** $|a+3|=6$, $|2\times b-3|=1$일 때, $a+b$의 최댓값을 M, 최솟값을 m이라 하자. 두 수 M, m을 수직선 위에 각각 점으로 나타냈을 때, 두 점 사이의 거리를 구하시오.

부등호의 사용

$x>a$	$x<a$	$x\geq a$	$x\leq a$
x는 a보다 크다. x는 a 초과이다.	x는 a보다 작다. x는 a 미만이다.	x는 a보다 크거나 같다. x는 a 이상이다. x는 a보다 작지 않다.	x는 a보다 작거나 같다. x는 a 이하이다. x는 a보다 크지 않다.

참고 유리수 a와 양수 b에 대하여
$|a|<b \Longleftrightarrow -b<a<b$
$|a|>b \Longleftrightarrow a<-b$ 또는 $a>b$

핵심 1 두 수의 대소 관계로 옳은 것을 모두 고르면? (정답 2개)

① $-\dfrac{2}{3}<-1$ ② $|-2.3|<-1$

③ $|-1.1|>0$ ④ $\dfrac{13}{2}<3+2$

⑤ $-0.8<-\dfrac{3}{4}$

핵심 2 수직선에서 $-\dfrac{15}{4}$를 나타내는 점과 가장 가까운 정수를 a, $\dfrac{7}{6}$을 나타내는 점과 가장 가까운 정수를 b라 할 때, $a-b$보다 크고 $|a|\times|b|$보다 크지 않은 정수의 개수를 구하시오.

핵심 3 절댓값이 A 이하인 정수가 123개일 때, 유리수 A의 값의 범위를 부등호를 사용하여 나타내시오.

핵심 4 다음 두 조건을 모두 만족시키는 정수 x의 개수를 구하시오.

조건
㈎ x는 -6.5보다 작지 않고, $\dfrac{5}{2}$보다 크지 않다.
㈏ x의 절댓값은 1.5 이상 7 미만이다.

핵심 5 두 수 A, B에 대하여 $|A|>|B|$일 때, 다음 중 옳은 설명을 한 학생을 모두 말하시오.

누리 : A는 양수이고 B는 음수이다.
도현 : A와 B가 모두 음수이면 B는 A보다 크다.
로나 : 수직선에서 A를 나타내는 점은 B를 나타내는 점보다 0을 나타내는 점에서 멀리 떨어져 있다.
명수 : $|B|<C<|A|$를 만족시키는 유리수 C는 항상 A와 B 사이에 있다.

예제 3 $0 < a < 1$일 때, 다음 중 가장 큰 수는?

① $\dfrac{1}{a}$ ② $|-a|$ ③ $-a$ ④ a^2 ⑤ $\dfrac{1}{a^2}$

Tip 문자의 값의 범위가 주어진 경우에는 문자 대신 문자의 값의 범위 안의 적당한 수를 대입하여 대소를 비교한다.

풀이 $a > 0$이므로 $-a$를 제외한 나머지 수들은 양수이다.

$a = \dfrac{1}{2}$을 대입하면

$\dfrac{1}{a} = 2$, $|-a| = \boxed{}$, $a^2 = \dfrac{1}{4}$, $\dfrac{1}{a^2} = \boxed{}$

따라서 $a^2 < |-a| < \boxed{} < \boxed{}$이므로 가장 큰 수는 $\boxed{}$이다.

답 _____

응용 1 수직선 위에 유리수 -1, a, b, 0, c, d, 1이 순서대로 표시되어 있을 때, 다음 물음에 답하시오.

(1) $\dfrac{1}{a}$, $\dfrac{1}{b}$, $\dfrac{1}{c}$, $\dfrac{1}{d}$ 중 가장 큰 수와 가장 작은 수를 차례로 나열하시오.

(2) ad와 bc의 대소 관계를 구하시오.

응용 2 $-1 < a < 1$일 때, 다음 수들 중 가장 작은 수를 구하시오.

$$|a|,\ a+1,\ -a+1,\ -a-1,\ \dfrac{1}{a+2}$$

응용 3 $y < x < 0$일 때, 다음 **보기** 중 옳은 것을 모두 고르시오.

보기

ㄱ. $|2x| > |2y|$ ㄴ. $|x-3| < |y-3|$

ㄷ. $|y| - |x| + 1 > 0$ ㄹ. $|x| + |y| + 2 < 0$

응용 4 다음 **조건**을 모두 만족하는 서로 다른 세 정수 a, b, c의 대소 관계를 부등호를 사용하여 나타내시오.

조건

㈎ a와 b는 -3.5보다 크다.

㈏ c는 4보다 크다.

㈐ a의 절댓값은 -4의 절댓값과 같다.

㈑ 수직선 위에서 c는 b보다 -3.5에 더 가깝다.

(1) 유리수의 덧셈
　① 정수의 덧셈 부호가 같은 두 수의 덧셈 : 두 수의 절댓값의 합에 공통인 부호를 붙인다.
　② 부호가 다른 두 수의 덧셈 : 두 수의 절댓값의 차에 절댓값이 큰 수의 부호를 붙인다.
(2) 덧셈의 계산 법칙 : 세 유리수 a, b, c에 대하여
　① 덧셈의 교환법칙 : $a+b=b+a$　　　② 덧셈의 결합법칙 : $(a+b)+c=a+(b+c)$
(3) 유리수의 뺄셈 : 빼는 수의 부호를 바꾸어 덧셈으로 고쳐서 계산한다.

핵심 1 $[x]$는 x보다 크지 않은 최대의 정수를 나타낸다고 할 때, $[-2]+[-3.7]+[1.5]$의 값의 절댓값을 구하시오.

핵심 2 오른쪽 그림의 빈 칸에 -2부터 $+6$까지의 정수를 한 번씩만 써넣어 각 직선 위에 놓인 세 수의 합이 $+6$이 되도록 하시오.

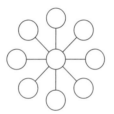

핵심 3 오른쪽 그림과 같은 전개도를 접어 정육면체를 만들었을 때, 서로 마주 보는 면에 있는 수끼리 더해서 0이 되도록 하는 유리수 A, B, C에 대하여 $A+(B-C)$의 값을 구하시오.

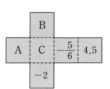

핵심 4 오른쪽 표는 오전 1시를 기준으로 4시간마다 기온을 조사하여 기록한 것이다. 이날 최고 기온과 최저 기온의 차는 a ℃이고 오후 9시의 기온은 오전 9시의 기온보다 b ℃ 낮을 때, $a+b$의 값을 구하시오.

시각(시)	기온(℃)
1	-4.8
5	-2.3
9	$+3.1$
13	$+4.2$
17	$+2$
21	-2.4

핵심 5 3보다 -2 큰 수를 a, -1보다 -7 작은 수를 b라고 할 때, $a \leq |x| < b$를 만족시키는 x의 값 중 가장 큰 양의 정수와 가장 작은 음의 정수의 차를 구하시오.

예제 ④ 다음과 같이 규칙적으로 수를 배열하였을 때, 처음부터 2020번째 수까지의 합을 구하시오.

> 9, 6, −3, −9, −6, 3, 9, 6, −3, −9, −6, 3, 9, 6, −3, −9, −6, 3, 9, 6, −3, −9, ⋯

Tip 규칙성이 보이는 수끼리 묶어 계산할 수 있다.

풀이 주어진 수는 (9, 6, −3, −9, −6, 3)의 6개의 수가 반복되어 배열되어 있다.

$2020 = 6 \times \boxed{} + 4$

9, 6, −3, −9, −6, 3의 합은 $\boxed{}$이므로 처음부터 2020번째 수까지의 합은 $\boxed{} \times 336 + (9+6-3-9) = \boxed{}$

답 _____

응용 ① $\dfrac{1}{2 \times 3} = \dfrac{1}{2} - \dfrac{1}{3}$, $\dfrac{1}{4 \times 5} = \dfrac{1}{4} - \dfrac{1}{5}$로 계산할 수 있음을 이용하여 다음 식을 계산하시오.

$$\frac{1}{30} + \frac{1}{42} + \frac{1}{56} + \cdots + \frac{1}{380}$$

응용 ③ 다음 **조건**을 만족하는 5개의 정수의 쌍의 개수를 구하시오.

조건

㈎ 5개의 수의 곱의 절댓값은 96이다.

㈏ 어떤 두 수의 합은 0이고 나머지 세 수의 합도 0이다.

㈐ 합이 0인 어떤 세 수의 절댓값의 비는 1 : 2 : 3이다.

응용 ② 다음은 일정한 규칙이 있는 유리수의 덧셈을 나타낸 것이다. 9번째 줄의 식을 완성했을 때, 좌변에서 더해지는 각 진분수들의 분모는 a, 81번째 줄의 식을 완성했을 때 우변의 값을 b라 할 때, $a+b$의 값을 구하시오.

$$\frac{1}{3} + \frac{2}{3} = 1$$
$$\frac{1}{4} + \frac{2}{4} + \frac{3}{4} = \frac{3}{2}$$
$$\frac{1}{5} + \frac{2}{5} + \frac{3}{5} + \frac{4}{5} = 2$$
$$\vdots$$

응용 ④ 승연이가 말한 내용을 보고 정수 k의 값을 구하시오.

승연 : $|x| \leq 1$을 만족시키는 정수 x의 값들 중 선택한 순서에 따라 각각 a, b라 하자. 그리고 a, b의 값에 따라 아래와 같은 연산 △을 하여 나온 결과값의 최댓값과 최솟값의 합은 k이다.

$$a \triangle b = \begin{cases} 2a+b \ (\text{단, } a \neq 0, \ b \neq 0) \\ -4 \quad\ (\text{단, } a = 0 \ \text{또는} \ b = 0) \end{cases}$$

05 유리수의 곱셈과 나눗셈

(1) 유리수의 곱셈 : 각 수의 절댓값의 곱에 부호를 붙인다.

① 음수의 거듭제곱의 부호 결정 : 지수가 홀수이면 $-$, 지수가 짝수이면 $+$ **예** $(-1)^2=+1$, $(-1)^5=-1$

② 세 수 이상의 수의 곱셈에서의 부호 결정 : 음수가 홀수 개이면 $-$, 짝수 개이면 $+$

(2) 곱셈의 계산 법칙 : 세 유리수 a, b, c에 대하여

① 곱셈의 교환법칙 : $a \times b = b \times a$ ② 곱셈의 결합법칙 : $(a \times b) \times c = a \times (b \times c)$

③ 곱셈의 분배법칙 : $a \times (b+c) = a \times b + a \times c$

(3) 역수를 이용한 유리수의 나눗셈

① 역수 : 두 수의 곱이 1이 될 때, 한 수를 다른 수의 역수라고 한다.

② 나누는 수를 역수로 고친 후 각 수의 절댓값의 곱에 부호를 붙인다. ➡ $a \div b = a \times \dfrac{1}{b}$ (단, $b \neq 0$)

참고 네 수 a, b, c, d가 0이 아닌 정수일 때,

$$\dfrac{1}{\dfrac{b}{a}} = \dfrac{a}{b}, \quad \dfrac{\dfrac{d}{c}}{\dfrac{b}{a}} = \dfrac{a \times d}{b \times c}$$

핵심 ① $a > 0$이고, n은 자연수일 때,
$a^{2n} + (-a)^{2n} + (-a)^{2n+1} + a^{2n+1}$을 간단히 하시오.

핵심 ② 서로 다른 유리수 a, b에 대하여
$a*b = \dfrac{a \times b}{a+b}$라 정의할 때,
$\left(\dfrac{1}{4} * \dfrac{1}{4} \right) * \dfrac{1}{2} + \left(\dfrac{2}{3} * \dfrac{2}{3} \right) * \dfrac{1}{6}$의 값을 구하시오.

핵심 ③ 4개의 수 $\dfrac{1}{5}$, $-\dfrac{7}{2}$, $-\dfrac{1}{3}$, -12 중에서 세 수를 뽑아 곱한 수 중 가장 큰 수를 a, 가장 작은 수를 b라고 할 때, $a+b$의 값을 구하시오.

핵심 ④ $a \times b < 0$, $|a| > |b|$, $a < 0$일 때, 다음 중 옳은 것은?

① $a+b$는 양수이다.

② $2a^2 + 2b^2$은 음수이다.

③ $a^2 - b^2$은 0보다 항상 크다.

④ $a^2 \div b^3$의 값은 $a^3 \times b^2$의 값보다 작다.

⑤ $(b-a) \times (a+b)$의 값은 0보다 크다.

예제 5 오른쪽 수직선 위에 있는 점 C는 두 점 A, B 사이에 있고, 점 A와 점 B 사이의 거리를 2 : 3으로 나누는 점이다. 이때, 점 C가 나타내는 수를 구하시오.

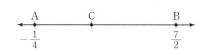

Tip 두 점 A, B 사이의 거리가 l이고 l을 $m : n$으로 나누었을 때의 값은 각각 $l \times \dfrac{m}{m+n}$, $l \times \dfrac{n}{m+n}$ 이다.

풀이 A와 B 사이의 거리는 $\left\{ \dfrac{7}{2} - \left(-\dfrac{1}{4} \right) \right\} = \boxed{}$ 이고

(두 점 A, C 사이의 거리) : (두 점 B, C 사이의 거리)=2 : 3이므로

A와 C 사이의 거리는 $\boxed{} \times \dfrac{2}{5} = \boxed{}$

따라서 점 C가 나타내는 수는 점 A가 나타내는 수 $-\dfrac{1}{4}$ 에 $\boxed{}$ 을 더한 $\boxed{}$ 이다.

답 _____

응용 1 경아와 동권이가 수직선 위의 같은 점에 각자의 바둑돌을 놓고 가위바위보를 하여 이기면 오른쪽으로 $\dfrac{3}{2}$ 만큼, 지면 왼쪽으로 $\dfrac{3}{4}$ 만큼, 비기면 왼쪽으로 $\dfrac{1}{2}$ 만큼 움직이기로 하였다. 가위바위보를 10번 하여 경아는 2번, 동권이는 5번 이겼을 때, 두 사람의 바둑돌 사이의 거리를 구하시오.

응용 2 $a \times b \div c > 0$, $2 < |b| < |a| < |c|$, $c > 0$일 때, 다음을 큰 것부터 차례로 나열하시오. (단, 세 유리수 a, b, c 중에는 부호가 다른 것이 반드시 있다.)

$$\dfrac{2}{a}, \ -\dfrac{2}{b}, \ -2c, \ \dfrac{2}{c}, \ 2a^2$$

응용 3 두 정수 x, y에 대하여 $x \times y < 0$이고, $x - y = 15$이다. x의 절댓값이 y의 절댓값의 2배일 때, $x + y$의 값을 구하시오.

응용 4 정수 Z_r를 $Z_r =$(11로 나눈 몫인 정수, 나머지 r는 11 미만의 음이 아닌 정수)라 하자. 다음 중 옳지 않은 것을 모두 고르면? (정답 2개)

① 22는 Z_0가 될 수 있다.

② 113은 Z_3가 될 수 있다.

③ -26은 Z_2가 될 수 있다.

④ -120은 Z_1이 될 수 있다.

⑤ Z_5에 속하는 정수를 a, Z_6에 속하는 정수를 b라 할 때, $a + b$는 Z_0가 될 수 없다.

06 사칙연산의 혼합 계산

유리수의 덧셈, 뺄셈, 곱셈, 나눗셈의 혼합 계산
① 거듭제곱이 있으면 거듭제곱을 먼저 계산한다.
② 괄호가 있으면 소괄호 ( ) ➡ 중괄호 { } ➡ 대괄호 [ ]의 순서로 계산한다.
③ 곱셈, 나눗셈을 먼저 차례대로 계산하고 덧셈, 뺄셈을 차례대로 계산한다.

핵심 1 수직선 위에서 A의 값에 대응되는 점과 가장 가까운 정수를 구하시오.

$$A = -\left(-\frac{9}{25}\right) - \left[\left(-\frac{5}{2}\right)^2 - 2^2 \times \left\{\left(-\frac{3}{2}\right)^3 + \left(-\frac{3}{4}\right)^2\right\}\right]$$

핵심 3 $60 - \left\{\left(\frac{5}{2} - 9 \div \frac{3}{4}\right) \times (-2)^3\right\} + (-6) \times \square = -19$이 성립할 때, $\square$ 안에 알맞은 수를 구하시오.

핵심 2 $A = -3^2 \div \left(\frac{3}{2}\right)^2 - \left(-\frac{2}{3}\right)^3 \times 81$

$B = \left(\frac{1}{6} + \frac{3}{7} - \frac{2}{3}\right) \times 42 - 3 \times (-2)$

$C = \left(-\frac{7}{6}\right) \div \left(-\frac{5}{4}\right) \times \frac{5}{14} \div \left(\frac{2}{5} - \frac{3}{10}\right)$

일 때, A, B, C의 대소 관계를 부등호를 사용하여 나타내시오.

핵심 4 0이 아닌 두 유리수 a, b에 대하여 두 연산 ●, ◎가 다음과 같이 정의되어 있다.

$$a ● b = a \times b^2 - b, \quad a ◎ b = b \div a + 2a$$

이때 $\{14 ● (-1)\} ◎ \{(-4^3) ● 5\}$의 값을 구하시오.

예제 6 수민이는 학교에서 친구를 만나 가지고 있던 사탕의 개수의 반과 4개를 더 주었다. 두 번째 만난 친구에게도 가지고 있던 사탕의 반과 4개를 더 주었다. 세 번째 만난 친구에게도 같은 방법으로 사탕을 주었더니 사탕 8개가 남았다. 수민이가 처음에 갖고 있던 사탕의 개수는 몇 개인지 구하시오.

Tip 거꾸로 계산을 하여 수민이가 처음 갖고 있던 사탕의 개수를 구한다.

풀이 세 번째 친구를 만나기 전에 가졌던 사탕의 개수를 c개라 하면

➡ $c \times \dfrac{1}{2} - 4 = 8$, $c = (8+4) \times \boxed{} = \boxed{}$

두 번째 친구를 만나기 전에 가졌던 사탕의 개수를 b개라 하면

➡ $b = (\boxed{} + 4) \times 2 = \boxed{}$

첫 번째 친구를 만나기 전에 수민이가 가지고 있던 사탕의 개수를 a개라 하면

➡ $a = (\boxed{} + 4) \times 2 = \boxed{}$

따라서 처음에 수민이가 갖고 있던 사탕의 개수는 $\boxed{}$개이다.

답 _____

응용 1 $A = \dfrac{9}{8} \div \dfrac{5}{12} - 9 \times \left\{ \dfrac{4}{3} - 8 \times \left(-\dfrac{1}{4} \right)^2 \right\}$일 때, A보다 큰 모든 음의 정수의 합을 구하시오.

응용 2 다음은 이웃한 두 수 사이의 간격이 일정한 5개의 수를 크기가 작은 것부터 차례로 늘어놓은 것이다. □ 안에 알맞은 세 수의 합을 구하시오.

$-\dfrac{4}{5}$, □, □, $\dfrac{3}{5}$, □

응용 3 $[a]$는 a보다 작거나 같은 수 중 가장 큰 정수라고 할 때, $[-3.1]^2 \div [-1.71] - [5] \times [\,|-2.3|\,] - [0.9]^2$ 의 값을 구하시오.

응용 4 유리수 A, B의 값이 다음과 같을 때, $|A-B|$의 값을 구하시오.

$$A = (-1)^2 \times 1 + (-1)^3 \times 2 + (-1)^4 \times 3 + (-1)^5 \times 4 + \cdots + (-1)^{101} \times 100$$

$$B = \dfrac{123 \times 3456 - 246 \times 1111 + 123 \times 4321}{1111}$$

01 $a=-\dfrac{1}{3}$일 때, 다음 중 가장 작은 수와 가장 큰 수의 합을 구하시오.

$$a, \quad -a, \quad a^2, \quad -a^2, \quad \dfrac{1}{a}, \quad -\dfrac{1}{a}, \quad \dfrac{1}{a^2}, \quad -\dfrac{1}{a^2}$$

02 두 수 x, y가 $x>0, y<0, x+y>0$을 만족할 때, $x, y, -x, -y$를 큰 것부터 차례대로 나열하시오.

03 $\dfrac{1}{2}+\dfrac{1}{6}+\dfrac{1}{12}+\dfrac{1}{20}+\dfrac{1}{30}+\dfrac{1}{42}+\dfrac{1}{56}+\dfrac{1}{72}+\dfrac{1}{90}$을 계산하시오.

04 오른쪽 그림은 파스칼의 삼각형이다. 각 줄은 윗줄에 있는 인접한 두 수를 더하여 쓰고 양 끝에 1을 써서 얻어진다. n번째 줄의 합이 2^{12}일 때, n의 값을 구하시오.

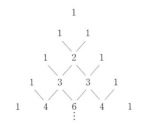

NOTE

05 세 자리 자연수 $\boxed{a}\,\boxed{b}\,\boxed{c}$를 자연수 $\boxed{b}$로 나눈 계산 과정이 오른쪽과 같을 때, $b+c-4\times a$의 값을 구하시오.

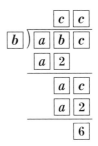

06 유리수 $\dfrac{7}{12}$을 $0.58+a$로 나타낼 때, $600a-2$의 값을 구하시오.

07 m은 짝수, n은 홀수일 때, 다음 식을 간단히 하시오. (단, $m>n$)

$$(-1)^{m\times n}\times(-1)^{m+n}\times\{(-1)^{m-n}\times(a+b)+(-1)^{2\times n}\times(a-b)\}$$

08 두 개의 자연수 a, b에 대하여 b가 a보다 작지 않고, $a(b+15)=75$일 때, a, b의 순서쌍 (a, b)를 모두 구하시오.

09 $A=-\left[-\dfrac{3}{2}\times\left\{\left(-\dfrac{1}{3}\right)^3-\left(-\dfrac{3}{2}\right)^2\right\}+\left(-\dfrac{2}{3}\right)^2\right]-\left(-\dfrac{1}{2}\right)^3$ 일 때, A의 값에 가장 가까운 정수를 구하시오.

10 $A = 16 \times \left\{ 1 - \left(-\dfrac{1}{2} \right)^4 \right\} \div \left\{ 1 - \left(-\dfrac{1}{2} \right) \right\}$, $B = 42 \times \left(\dfrac{1}{6} - \dfrac{1}{3} - \dfrac{1}{7} \right) - 3 \times (-4)$,

$C = \dfrac{6}{7} \times \left(\dfrac{1}{2} - \dfrac{5}{28} + \dfrac{3}{7} \right) \div \dfrac{4}{15} \times \left(-\dfrac{14}{27} \right)$일 때, A, B, C의 대소 관계를 구하시오.

11 다음을 계산하시오. (단, n은 자연수)

$$(-1)^n + (-1)^{n+1} + (-1)^n \times (-1)^{n+1} - (-1)^{n+2} \times (-1)^{n+3}$$

12 다음을 계산하시오.

$$\dfrac{1}{1 \times 3} + \dfrac{1}{3 \times 5} + \dfrac{1}{5 \times 7} + \dfrac{1}{7 \times 9} + \dfrac{1}{9 \times 11} + \dfrac{1}{11 \times 13} + \dfrac{1}{13 \times 15}$$

13 네 개의 유리수 a, b, c, d가 다음 조건을 만족할 때, a, b, c, d의 부호를 결정하시오.

$$a \times b \times c \times d > 0, \quad a \times b \times c < 0, \quad a + b < 0, \quad a < c < d$$

14 네 정수 a, b, c, d는 다음 조건을 모두 만족한다. 이때, 이를 만족하는 a의 값 중에서 가장 큰 것은 얼마인지 구하시오.

$$a < b, \quad b < 2c, \quad c < 3d, \quad d < 100$$

15 오른쪽 등식을 만족하는 양의 정수 a, b, c, d에 대하여 $a+b+c+d$의 값을 구하시오.

$$\frac{17}{65} = \cfrac{1}{a + \cfrac{1}{b + \cfrac{1}{c + \cfrac{1}{1 + \cfrac{1}{d}}}}}$$

16 절댓값이 10 이상 20 이하인 정수 몇 개를 곱하였더니 64260이 되었고, 합하였더니 2가 되었다. 이 정수들 중 가장 큰 수를 a, 가장 작은 수를 b라고 할 때, $a-b$의 값을 구하시오.

17 다음 수직선에서 두 점 A, D가 나타내는 수가 각각 -2, 5.5이고 5개의 점 A, B, C, D, E 사이의 간격은 모두 같다.

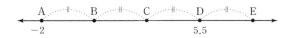

점 C가 나타내는 수를 a, 점 E가 나타내는 수를 b라 할 때,
$\dfrac{a}{7} < \dfrac{24}{x} < \dfrac{b}{3}$를 만족시키는 자연수 x의 개수를 구하시오.

18 다음은 정수 x, y에 대하여 일정한 규칙에 의해 (x, y) 꼴로 나열한 것이다. 이때 정수 a의 값과 52번째 순서쌍을 각각 구하시오.

$$(-1, -1), (0, 0), (1, 1), (2, 8), (3, a), \cdots$$

NOTE

01 정수 x에 대하여 $x=6q+r$ (q는 정수, $0\leq r<6$)을 만족시키는 r를 $\langle x \rangle$로 나타낼 때, 다음 식의 값은 얼마인지 구하시오.

$$(\langle 16 \rangle + \langle -14 \rangle) \times (\langle 55 \rangle + \langle -33 \rangle)$$

02 두 정수 x, y는 -3, -2, -1, 0, 1, 2, 3, 5 중 하나이고 두 수의 곱 xy, 두 수의 차 $x-y$는 항상 음수가 된다. 두 수의 합 $x+y$가 음수가 될 때, xy의 값을 모두 찾아 합을 구하시오.

03 임의의 유리수 a에 대하여 $[a]$는 a보다 크지 않은 최대 정수이고, 임의의 자연수 b에 대하여 $b!=1\times 2\times 3\times \cdots \times (b-1)\times b$를 나타낸다. 이때 다음을 계산하시오.

$$\left[\frac{2025!+2022!}{2024!+2023!} \right]$$

04 유리수 x에 대하여 $x^+=\begin{cases}x\,(x>0)\\0\,(x<0)\end{cases}$, $x^-=\begin{cases}0\quad(x>0)\\-x\,(x<0)\end{cases}$라 정의하자.

0이 아닌 유리수 a, b가 다음 조건을 동시에 만족할 때, a, b의 부호를 결정하시오.

> I. $a>b$　　　　　　Ⅱ. $a^+=b^-$

05 다음과 같이 연속하는 n개의 정수가 있다. 이때, n개의 정수 중에서 한 개의 정수를 뺀 나머지 수들의 평균을 A라 할 때, A의 범위를 구하시오.

> $11,$　　$12,$　　$13,$　　$\cdots,$　　$(10+n)$

06 다음 수직선 위에 연속하는 다섯 개의 정수가 있다. 이 다섯 개의 정수의 합이 음수일 때, $a+e$의 값 중 가장 큰 값을 구하시오.

07 서로소인 두 개의 자연수 a, b에 대하여 $0.06 < \dfrac{b}{a} < 0.07$이 성립한다고 할 때, $a-b$의 값을 구하시오. (단, $20 < a < 30$)

08 세 수 a, b, c의 절댓값이 각각 2, 3, 5일 때, $a+b+c$의 값이 될 수 있는 모든 수들의 절댓값을 더하면 얼마인지 구하시오.

09 n은 자연수이고, ⓝ은 n 이하의 연속하는 자연수 n개의 곱이라 하자. 예를 들면, ①$=1$, ②$=1\times2$, ③$=1\times2\times3$, ④$=1\times2\times3\times4$이다. 이때, ①$+$②$+$③$+$④$+\cdots+$⑳의 십의 자리의 숫자와 일의 자리의 숫자의 합을 구하시오.

10 세 자연수 x, y, z에 대하여 $x<y<z$이고, $\dfrac{1}{x}+\dfrac{1}{y}+\dfrac{1}{z}=1$일 때, x, y, z의 값을 각각 구하시오.

NOTE

11 $A=\dfrac{1}{10}+\dfrac{2}{100}+\dfrac{3}{1000}+\cdots$일 때, A를 소수로 나타내면 이 소수점 아래 각 자리의 수에는 0부터 9까지의 숫자 중 들어 있지 않은 것이 있다. 그 숫자를 구하시오.

12 다음 식이 성립함을 설명하시오.

$$\frac{1}{2^2}+\frac{1}{3^2}+\frac{1}{4^2}+\cdots+\frac{1}{2023^2}+\frac{1}{2024^2}<\frac{2023}{2024}$$

13 서로 다른 네 정수 a, b, c, d가 $(8-a) \times (8-b) \times (8-c) \times (8-d) = 9$를 만족시킬 때, $a+b+c+d$의 값을 구하시오.

14 다섯 자리 정수 m이 있다. 이 수의 만의 자리 숫자를 일의 자리 숫자로 옮겨 만든 수를 n이라고 하면, $m-n$의 절댓값은 반드시 어떤 수 x로 항상 나누어 떨어진다고 한다. 이때, x의 최댓값은 얼마인지 구하시오. (예 m이 12345이면 n은 23451이다.)

15 양의 유리수를 중복은 허용하며 약분은 하지 않고, 다음과 같은 순서로 배열하였다. $\frac{7}{9}$이 몇 번째 수인지 구하시오. $\left(\text{예 } \dfrac{2}{2} \text{는 5번째 수이다.}\right)$

$$\left(\frac{1}{1}\right), \left(\frac{1}{2}, \frac{2}{1}\right), \left(\frac{1}{3}, \frac{2}{2}, \frac{3}{1}\right), \cdots$$

16 오른쪽 표의 빈칸에는 $\boxed{보기}$의 수들이 각각 들어가고 가로, 세로, 대각선에 있는 세 수의 합이 모두 같을 때 $A-B$의 값을 구하시오.

$\boxed{보기}$

$$-\frac{1}{2}, \quad 0, \quad \frac{1}{4}, \quad \frac{1}{2}, \quad \frac{3}{4}, \quad 1$$

	$-\dfrac{3}{4}$	A
$-\dfrac{1}{4}$		
	$\dfrac{5}{4}$	B

17 세 자리의 자연수 N에서 백의 자리, 십의 자리, 일의 자리의 숫자를 각각 a, b, c라 하자. $b>2a+c$, $c>0$일 때, 가장 큰 수 N의 값을 구하시오.

18 수직선 위에 두 점 $A\left(-\dfrac{1}{2}\right)$, $B\left(\dfrac{4}{3}\right)$가 있다. 이때 점 X는 두 점 A, B와의 거리의 비가 $5:6$이고 점 A의 왼쪽에 있고, 점 Y는 두 점 A, B와의 거리의 비가 $5:6$이고 두 점 A, B 사이에 있다. 두 점 X, Y의 좌표를 각각 a, b라고 할 때, $b-a$의 값을 구하시오.

01 오른쪽 그림과 같이 한 변의 길이가 **72 m**인 정삼각형 모양의 땅이 있다. 이 삼각형의 서로 다른 꼭짓점 위에 있는 강아지, 송아지, 망아지가 화살표 방향으로 각각 1초에 **2 m**, **3 m**, **4 m**씩 일정한 빠르기로 동시에 둘레를 돌기 시작하였다. 이 세 동물이 두 번째로 같은 지점에서 만나는 것은 출발한 지 몇 초 후인지 구하시오. (단, 동물의 크기는 생각하지 않는다.)

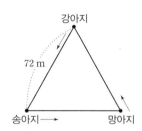

02 세 숫자 a, b, c를 이용하여 세 자리 자연수 abc와 아홉 자리 자연수 $abcabcabc$를 만들었다. 세 자리 자연수 abc가 소수일 때, 아홉 자리 자연수 $abcabcabc$의 약수의 개수를 구하시오.

03 한 자리의 자연수 x와 100 이하의 자연수 y에 대하여 $\dfrac{10x+y}{100}$의 값은 1보다 작다고 한다. $\dfrac{10x+y}{100}$가 분모가 100인 기약분수가 되도록 하는 x와 y의 값을 짝지어 나타낸 순서쌍을 (x, y)라 할 때, (x, y)는 모두 몇 개인지 구하시오. (단, (a, b)와 (b, a)는 다르다.)

04 세 개의 자연수 a, 105, b에 대하여 a와 105, a와 b, b와 105의 최대공약수가 각각 15, 25, 35이고, a와 b의 최소공배수가 2100이다. 이때 a가 될 수 있는 수들의 합은 얼마인지 구하시오.

05 세 자리 자연수 N의 약수들을 모두 곱한 값과 N^3의 값이 같도록 하는 가장 작은 세 자리 자연수 N의 값을 구하시오.

06 다음을 계산한 값을 $\dfrac{m}{n}$이라 할 때, $m+n$의 최솟값을 구하시오. (단, m, n은 양의 정수)

$$\left(1-\frac{1}{4^2}\right)\times\left(1-\frac{1}{5^2}\right)\times\left(1-\frac{1}{6^2}\right)\times\cdots\times\left(1-\frac{1}{29^2}\right)\times\left(1-\frac{1}{30^2}\right)$$

07 세 수 a, b, c는 -5와 8 사이의 정수이다. 다음 조건을 만족하는 순서쌍 (a, b, c)는 모두 몇 개 인지 구하시오.

$$a \times b = 0, \ a \times c < 0, \ a + c > 0, \ a - c > 0$$

08 0이 아닌 세 정수 a, b, c가 다음 조건 을 만족시킬 때, $|a| + |b| - |c| - |a+b| - |a+c| + |b-c|$의 값을 구하시오.

> 조건
> (개) 세 정수 중에서 양의 정수는 c뿐이다.
> (내) 세 정수의 합은 -3이다.
> (대) $|a| < |b| < |c|$

09 두 수 $\dfrac{480}{A}$과 $\dfrac{A^2}{45}$이 모두 정수가 되게 하는 정수 A는 모두 몇 개인지 구하시오.

II 문자와 식

1 문자의 사용과 식의 계산

(1) 곱셈 기호의 생략
　① (수)×(문자) : 곱셈 기호를 생략하고, 수를 문자 앞에 쓴다.
　② (문자)×(문자) : 곱셈 기호를 생략하고 보통 알파벳순으로 쓴다.
　③ 같은 문자의 곱은 거듭제곱 꼴로 쓴다.
　④ 괄호가 있는 식과 수의 곱은 수를 괄호 앞에 쓰고, 곱셈 기호를 생략한다.

(2) 나눗셈 기호의 생략
　나눗셈 기호는 생략하고, 역수의 곱셈을 이용하여 분수 꼴로 나타낸다.

핵심 1 다음 중 옳지 <u>않은</u> 것은?

① $b \times (-1) \times a \times a \times b \times a = -a^3 b^2$

② $5 \div (x \times 2 \div y) = \dfrac{5y}{2x}$

③ $(-2)^2 \times m \div (n-3) = -\dfrac{4m}{n-3}$

④ $a \div \left(-\dfrac{1}{4}\right) - 0.5 \times b = -4a - 0.5b$

⑤ $x \times 6 + y \div \dfrac{1}{2} + z \times (-3) = 6x + 2y - 3z$

핵심 2 $a \div (2 \times b) \times \{3 \times c \div (d \div e)\} \times (-1)$을 곱셈 기호와 나눗셈 기호를 생략하여 나타내면?

① $\dfrac{6ade}{ce}$

② $\dfrac{abcde}{6}$

③ $-\dfrac{3abc}{2de}$

④ $-\dfrac{3ace}{2bd}$

⑤ $-\dfrac{2ade}{3bc}$

핵심 3 다음 **보기** 에서 문자를 사용하여 나타낸 식으로 옳지 <u>않은</u> 것들의 오른쪽에 쓰여진 수의 합을 구하시오.

보기

ㄱ. 시속 a km로 t시간 동안 달린 거리
　➡ at km ⋯ 1

ㄴ. 십의 자리의 숫자가 a, 일의 자리의 숫자가 b, 소수 첫째 자리의 숫자가 c인 수
　➡ $10a + b + 0.1c$ ⋯ 3

ㄷ. 정가가 5000원인 장난감을 x % 할인하여 판매한 가격 ➡ $50x$원 ⋯ 5

ㄹ. 한 변의 길이가 a cm인 정삼각형의 둘레의 길이와 한 변의 길이가 b cm인 정육각형의 둘레의 길이의 차 ➡ $(3a - 6b)$ cm ⋯ 7

ㅁ. 농도가 25 %인 설탕물 x g과 농도가 30 %인 설탕물 y g을 합하여 만든 설탕물에 녹아 있는 설탕의 양 ➡ $(0.25x + 0.3y)$ g ⋯ 9

ㅂ. 공원에 긴 의자 a개가 있다. 한 의자에 5명씩 앉고 한 의자에만 3명이 앉았더니 의자 1개가 남았다. 의자에 앉은 사람 수
　➡ $(5a - 1)$명 ⋯ 11

> 정답 및 풀이 **21**쪽

예제 1 오른쪽 그림과 같은 정사각형에서 색칠한 부분의 넓이를 x를 사용한 식으로 나타내면 $ax+b$이다. 이때 $a+b$의 값을 구하시오. (단, a, b는 자연수)

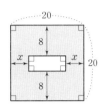

Tip ▶ 작은 직사각형의 가로의 길이를 x를 사용한 식으로 나타낼 수 있다.

풀이 (전체 정사각형의 넓이)$=20\times20=400$

가운데 빈 부분의 직사각형에서

(가로의 길이)$=20-\boxed{}x$

(세로의 길이)$=20-8\times2=4$

(색칠한 부분의 넓이)$=400-(20-\boxed{}x)\times\boxed{}$

$\qquad\qquad\qquad\qquad\quad=400-80+\boxed{}x=\boxed{}x+\boxed{}$

따라서 $a=\boxed{}$, $b=\boxed{}$이므로 $a+b=\boxed{}$

답 _____

응용 1 다음 그림과 같은 도형의 둘레의 길이를 문자를 사용한 식으로 나타내시오.

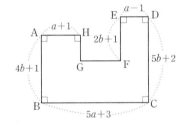

응용 2 원가가 a원인 제품에 $x\%$ 이익을 붙인 정가에 판매하다가 다시 정가의 $r\%$를 할인하여 판매할 때, 상품의 실제 판매 가격을 문자를 사용한 식으로 나타내면?

① $a(1+x)\left(1-\dfrac{r}{100}\right)$

② $a(1-x)\left(1-\dfrac{r}{100}\right)$

③ $a(x+0.1)(r-0.1)$

④ $a\left(1-\dfrac{x}{100}\right)\left(1+\dfrac{r}{100}\right)$

⑤ $a\left(1+\dfrac{x}{100}\right)\left(1-\dfrac{r}{100}\right)$

응용 3 거리가 **30 km**인 두 지점을 자전거를 타고 왕복했는데 갈 때는 시속 a **km**로, 올 때는 시속 b **km**로 달렸다. 왕복하는 동안의 평균 속력을 a, b를 사용한 식으로 나타내시오.

응용 4 오른쪽 그림과 같이 크기가 다른 정사각형 **A**, **B**, **C**, **D**, **E**를 몇 장씩 붙여 큰 정사각형을 만들었다. 이때 정사각형 **A**의 한 변의 길이를 a라 할 때, 두 정사각형 **B**와 **C**의 한 변의 길이를 각각 a를 사용한 식으로 나타내시오.

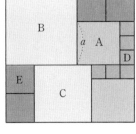

(1) 대입 : 식에 들어 있는 문자를 어떤 수로 바꾸어 넣는 것

(2) 식의 값 : 문자를 사용한 식에서 문자에 어떤 수를 대입하여 계산한 결과

(3) 식의 값을 구하는 방법

① 문자에 수를 대입할 때에는 주어진 식에서 생략된 곱셈 기호를 다시 쓴다.

② 분모에 분수를 대입할 때에는 생략된 나눗셈 기호를 다시 쓴다.

③ 문자에 음수를 대입할 때에는 반드시 (　)를 사용한다.

핵심 ① 다음 중 $x=-1$, $y=3$을 대입했을 때, 계산 결과가 가장 큰 것은?

① $\dfrac{2x+y}{xy}$

② $xy-x+2y$

③ $\dfrac{3}{2}x-\dfrac{6}{y}$

④ $x^2+4xy+3y$

⑤ x^2+y^2

핵심 ② 다음 그림은 엑셀 프로그램의 작업 화면의 일부분이다. B2셀(cell)에 $5k$를 입력하면 B4셀에는 $25k^3-5k^2-k+1$이 되도록 하는 계산 버튼을 B3셀에 만들었다. B2셀에 3을 넣었을 때, 나오는 값을 구하시오.

	A	B
1		
2	대입값	$5k$
3		
4	결과값	$25k^3-5k^2-k+1$

핵심 ③ 윗변, 아랫변의 길이가 각각 x cm, y cm이고, 높이가 3 cm인 사다리꼴의 넓이를 S cm²라고 할 때, S를 x, y에 대한 식으로 나타내고, $x=10$, $y=40$일 때의 S의 값을 구하시오.

핵심 ④ 현재 기온은 화씨 68 °F이고, A지점에 있는 사람이 들은 소리를 5초 후에 B지점에 있는 사람이 들었다. 이때 다음 내용을 참고하여 A지점과 B지점 사이의 거리는 몇 m인지 구하시오.

⑺ 기온이 화씨 a °F일 때, 섭씨로 나타내면
$\dfrac{5}{9}(a-32)$ °C이다.

⑻ 기온이 x °C일 때, 공기 중에서 소리의 속력은 초속 $(331+0.6x)$ m라 한다.

예제 ② $a=\dfrac{5}{4}$일 때, 식 $\dfrac{3}{a}+\dfrac{1}{4a}-\dfrac{2}{5a}$의 값을 구하시오.

Tip 분모에 분수를 대입할 때는 주어진 식을 나눗셈 기호를 사용하여 나타낸 후 대입하고, 곱셈으로 고쳐서 계산한다.

풀이 $\dfrac{3}{a}+\dfrac{1}{4a}-\dfrac{2}{5a}=3\div a+1\div 4a-2\div 5a$

$$=3\div\dfrac{5}{4}+1\div\left(4\times\dfrac{5}{4}\right)-2\div\left(5\times\dfrac{5}{4}\right)$$

$$=3\times\boxed{}+1\times\dfrac{1}{5}-2\times\dfrac{4}{25}$$

$$=\dfrac{12}{5}+\dfrac{1}{5}-\boxed{}$$

$$=\boxed{}$$

답 _____

응용 ① $a=-\dfrac{1}{2}$, $b=\dfrac{2}{3}$일 때, $\dfrac{-4a^3+3b^2}{a+b}$의 값을 구하시오.

응용 ③ 다음 두 학생이 구한 결과 값 중 큰 수를 말하시오.

주영 : $x-y+2z=8$, $z\neq5$일 때,

$\dfrac{x-y+2}{5-z}$의 값

경호 : $b=2+4\div[5x\div\{3+6\div(1+x)\}]$이고

$x=2$일 때, b의 값

응용 ② 작년 지윤이네 학교 1학년 학생 수는 x명이었고, 그중 남학생이 a명이었다. 올해는 남학생 수가 작년보다 5 % 감소하였고, 여학생 수는 10 % 증가하였다. 다음 물음에 답하시오.

(1) 올해의 전체 학생 수를 a와 x를 사용한 식으로 내시오.

(2) 작년 지윤이네 학교 1학년 학생 수가 300명이고 그중 남학생이 120명이었을 때, 올해 1학년 전체 학생 수를 구하시오.

응용 ④ 다음 표는 규칙에 따라 자연수를 나열한 것이다. 다음을 구하시오.

1	3	5	7	9	11	13	⋯
4	12	20	28	36	44	52	⋯
9	27	45	63	81	99	117	⋯
16	48	80	112	144	176	208	⋯
25	75	125	175	225	275	325	⋯
⋮	⋮	⋮	⋮	⋮	⋮	⋮	

(1) 첫 번째 행의 왼쪽에서부터 20번째의 수

(2) 위에서부터 m번째 행의 왼쪽에서 n번째의 수를 m, n을 사용한 식으로 나타내시오.

(3) 위에서부터 10번째 행의 왼쪽에서 10번째의 수

03 일차식과 수의 곱셈, 나눗셈

(1) **다항식** : 1개 이상의 항의 합으로 이루어진 식

> **참고** 항과 계수를 말할 때는 부호까지 포함하여 말한다. 또 분모에 문자가 포함된 $\dfrac{5}{x+2}$와 같은 식은 다항식이 아니다.

(2) **일차식** : 차수가 1인 다항식

(3) **일차식과 수의 곱셈, 나눗셈**

① (일차식)×(수) : 분배법칙을 이용하여 일차식의 각 항에 수를 곱한다.

② (일차식)÷(수) : 나누는 수의 역수를 분배법칙을 이용하여 일차식의 각 항에 곱한다.

핵심 1 다음 발표내용이 옳은 학생 수를 구하시오.

> 기백 : ab는 단항식이다.
>
> 누리 : $3x^3+x^2+x$는 x에 대한 삼차식이다.
>
> 다슬 : $3xy^2$, $4x^2y$는 동류항이다.
>
> 로희 : $2a-\dfrac{b}{4}+0.1$은 a에 대한 일차식이다.
>
> 명진 : $3m-8n+4mn+1$에서 m과 n의 계수의 합은 -1이다.
>
> 수연 : $\dfrac{1}{2}a^2-2ab+8b^2-\dfrac{1}{4}$의 차수를 x, a^2의 계수를 y, 상수항을 z라 할 때,
>
> $\dfrac{xy+yz-zx}{xyz}$의 값은 $-\dfrac{9}{2}$이다.

핵심 2 다항식 $-(3ax^2+4x)+ax+2+9x^2+bx-1$을 간단히 하였을 때, 주어진 다항식이 x에 대한 일차식이 되기 위한 상수 a, b의 값의 조건을 구하시오.

핵심 3 학생 20명이 아이스링크에 놀러갈 때 필요한 경비를 알아보았더니 다음 표와 같았다. 총 경비를 20명이 똑같이 나누어 낸다고 할 때, 총 경비와 한 사람이 내야 할 금액을 x, y를 사용한 식으로 각각 나타내시오.

항목	비용
아이스링크 단체 입장료	x원
1인당 스케이트 대여료	6000원
1인당 간식비	y원짜리 음료수 2개와 5000원짜리 샌드위치 1개

핵심 4 오른쪽 그림과 같이 한 모서리의 길이가 **4 cm**인 정육면체를 평면 CFGD에 평행한 평면으로 n번 잘라 $(n+1)$개의 직육면체들을 만들었다. 이 직육면체들의 겉넓이의 총합을 n을 사용한 식으로 나타내시오.

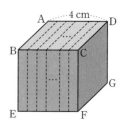

예제 3 오른쪽 그림은 한 변의 길이가 2인 정사각형을 규칙적으로 나열한 것이다. n번째 도형의 둘레의 길이를 kn, 넓이를 An이라고 할 때, n에 대한 일차식 kA를 구하시오. (단, k는 상수, A는 n에 대한 일차식이다.)

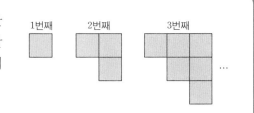

1번째   2번째   3번째

...

Tip 세 도형의 보고 둘레의 길이와 넓이에 관한 규칙을 찾는다.

풀이

	둘레의 길이	넓이
1번째 도형	$8=2\times4$	$4=2^2\times1$
2번째 도형	$16=2\times(4\times2)$	$12=2^2\times(1+2)$
3번째 도형	$24=2\times(4\times3)$	$24=2^2\times(1+2+3)$
⋮	⋮	⋮

n번째 도형의 둘레의 길이는 $2\times(\boxed{}\times n)=\boxed{}n \Rightarrow k=\boxed{}$

n번째 도형의 넓이는 $2^2\times(1+2+\cdots+n)=4\times\dfrac{n(n+1)}{2}=2(n+1)n \Rightarrow A=2(\boxed{})$

따라서 일차식 kA는 $\boxed{}(n+1)$이다.

답 _____

응용 1 $ax+b$를 $-\dfrac{1}{4}$로 나누면 $cx+d$가 되고,

$dx-6y$에 $\dfrac{1}{3}c$를 곱하면 $32x-16y$가 될 때,

$a-b-c+d$의 값을 구하시오. (단, a, b, c, d는 상수)

응용 2 한 변의 길이가 $(x+5)$ cm인 정사각형에서 가로의 길이는 10 % 줄이고, 세로의 길이는 20 % 늘여서 만든 직사각형의 둘레의 길이를 x를 사용한 식으로 나타내시오.

응용 3 백의 자리의 숫자가 a, 십의 자리의 숫자가 $2b$, 일의 자리의 숫자가 9인 세 자리의 자연수를 4로 나누었을 때, 몫을 a, b를 사용한 식으로 나타내고, 나머지를 구하시오. (단, 몫은 자연수이고, b는 5 이하인 양의 정수이다.)

응용 4 A 용기에는 a %의 소금물 400 g, B 용기에는 b %의 소금물 200 g이 들어 있다. A 용기의 소금물 200 g을 B 용기에 넣어 잘 섞은 후 다시 B 용기의 소금물 200 g을 A 용기에 넣고 잘 섞었을 때 A 용기의 소금물의 농도는 몇 %인지 문자를 사용한 식으로 나타내시오.

Ⅱ 문자와 식

04 일차식의 덧셈, 뺄셈

(1) **동류항** : 문자와 차수가 모두 같은 항
(2) **일차식의 덧셈, 뺄셈** : 괄호가 있는 경우 분배법칙을 이용하여 괄호를 푼 후 동류항끼리 모아서 계산한다.

핵심 1 다음 그림은 오른쪽 그림과 같은 규칙으로 식을 계산하여 빈칸을 채운 것이다. 이때 $A-2B$의 값을 계산하시오.

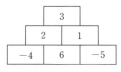

```
        ┌─────┐
        │  A  │
     ┌──┴──┬──┴──┐
     │     │  B  │
  ┌──┴──┬──┴──┬──┴──┐
  │ 5x  │     │     │
┌─┴───┬─┴───┬─┴───┐
│ 4x  │ -2y │ 5x  │
└─────┴─────┴─────┘
```

핵심 2 $\dfrac{-a+2b}{2}+\dfrac{2b-3a+5}{3}-\dfrac{7-3a}{6}=ma+nb+l$

일 때, $\dfrac{mn}{5l}$의 값을 구하시오.

핵심 3 어떤 일차식 A에 $3x-5$를 더해야 하는데 잘못하여 뺐더니 $5x-4$가 되었는데, 다시 바르게 계산했더니 일차식 B가 되었다. 또, $-A$에서 $5x+3$을 더했더니 일차식 C가 되었다. 이때 $A+2B-C$를 간단히 하시오.

핵심 4 일차식 $\dfrac{2}{3}(18x^a-2)+(8x+12y)\div\dfrac{4}{b}$에 대하여 x의 계수의 합은 c, y의 계수는 -9일 때, $a+b+c$의 값을 구하시오. (단, a는 자연수, b, c는 정수)

예제 4 $m \diamond n = -2m + 3n$, $m \blacklozenge n = 3m + 7n$이라 하자.

$\{3x \diamond (7x+y)\} - \{(4y-3) \blacklozenge (x-2y)\} = Ax + By + C$일 때, 상수 A, B, C에 대하여 $A+B-C$의 값을 구하시오.

Tip 연산 $\blacklozenge$, $\diamond$를 이용하여 새로운 일차식의 덧셈, 뺄셈을 할 수 있다.

$\{ \ \}$ 안에 있는 연산부터 각각 계산한다.

풀이 $3x \diamond (7x+y) = -2 \times 3x + 3(7x+y) = -6x + \square x + 3y = \square x + 3y$

$(4y-3) \blacklozenge (x-2y) = 3(4y-3) + 7(x-2y) = 12y - 9 + 7x - \square y = 7x - \square y - 9$

(주어진 식) $= \square x + 3y - (7x - \square y - 9) = 8x + \square y + 9$

따라서 $A = 8$, $B = \square$, $C = 9$이므로 $A + B - C = \square$

답 ＿＿＿＿＿＿＿＿

응용 1 $A = 6x + y$, $B = -6x - 3y$일 때,

$4(A+B) - \dfrac{3}{2}(A - 3B)$를 x, y를 사용한 식으로 나타내시오.

응용 3 오른쪽 그림에서 색칠한 부분의 넓이를 x를 사용하여 나타내시오.

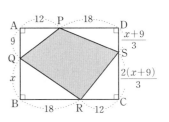

응용 2 윗변의 길이가 $a+3$, 아랫변의 길이가 $4a-2$, 높이가 15인 사다리꼴이 있다. 윗변의 길이를 10 % 줄이고, 아랫변의 길이를 15 % 늘이고, 높이를 20 % 늘여서 만든 사다리꼴의 넓이를 a를 사용한 식으로 바르게 나타낸 것은?

① $10a + 35$ ② $14a - \dfrac{1}{5}$ ③ $15a + \dfrac{31}{5}$

④ $\dfrac{79}{5}a - \dfrac{26}{5}$ ⑤ $\dfrac{99}{2}a + \dfrac{18}{5}$

응용 4 두 쇼핑몰의 홈페이지의 팝업창(Pop−up)에 각각 다음과 같은 문구가 게시되어 있다. 정가가 같은 제품을 사려고 할 때, 소비자의 입장에서 더 합리적인 소비를 할 수 있는 쇼핑몰은 어디인지 말하시오.

> **해피쇼핑몰 ♡**
> 저희 쇼핑몰을 방문해주신 고객님 감사합니다.
> 결제 금액은 상품 정가에 별도의 부가가치세(VAT) 10 %, 배송료 2000원을 모두 붙인 가격의 25 % 할인된 가격임을 알려드립니다.
> ★ ★

> ★ ★
> **스마일 쇼핑몰 ☺**
> 저희 쇼핑몰에서 제공되는 모든 상품은 정가를 25 % 할인한 뒤, 여기에 VAT 10 %, 배송료 2000원이 합쳐진 가격임을 알려드립니다.

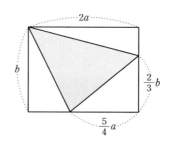
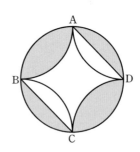

01 다음 표에서 가로, 세로, 대각선에 놓인 네 다항식의 합이 모두 같을 때,

$\dfrac{1}{2}(4B-2A)+3A-\{5B-2(-4A+7B)\}-C$ 를 x를 사용한 식으로 나타내시오.

$-4x-6$	A	$9x+7$	$-x-3$
		$2x$	B
$3x+1$	$5x+3$	$6x+4$	C
	$-2x-4$	$-3x-5$	$11x+9$

02 오른쪽 그림과 같이 가로, 세로의 길이가 각각 $2a$, b인 직사각형에서 색칠한 부분의 넓이를 a, b를 사용한 식으로 나타내시오.

03 오른쪽 그림에서 큰 원의 지름은 a cm이고, 점 A, B, C, D는 원주를 4등분 한 것일 때, 색칠한 부분의 넓이를 구하시오.
(단, 원주율은 3으로 계산한다.)

04 수직선 위의 5에 대응하는 점 A가 있다. 이 수직선 위에 점 P를 잡고, 점 A에 대하여 점 P와 대칭인 점을 점 Q라 하자. 점 P에 대응하는 수를 x라 할 때, 점 Q에 대응하는 수를 x를 사용한 식으로 나타내시오.

05 작년 감과 사과의 수확량은 각각 a만 톤, $(a-20)$만 톤이었고, 올해는 작년에 비해 감의 수확량은 5 % 증가했고, 사과는 2 % 감소했다. 감과 사과의 올해 수확량의 합계는 작년보다 몇 %가 증가했는지 a를 사용한 식으로 나타내시오.

06 $a+b+c+d=0$일 때,
$$\frac{a+b+c-d}{a} \times \frac{a+b-2c+d}{2b} \times \frac{a-3b+c+d}{3c} \times \frac{-4a+b+c+d}{4d}$$ 의 값을 구하시오.

(단, $abcd \neq 0$)

NOTE

07 $(a+b):(b+c):(c+a)=5:7:6$이고 $a+b+c=45$일 때, $\dfrac{ab}{c}$의 값을 구하시오.

08 어느 햄버거 가게에서는 오른쪽 메뉴판과 같은 불고기 버거를 판매하고 있다. 이때 치즈 3장, 토마토 5장이 들어있는 불고기 버거 1개와 감자튀김 1봉지를 주문했다면 지불해야 할 금액을 a, b를 사용한 식으로 나타내시오.

□□BURGER

불고기 버거 ····················· 6000원
(재료 : 치즈 1장, 토마토 2장, 패티 1장)
재료 추가
• 치즈(1장) ··················· $8a$원
• 토마토(1장) ················· $6a$원
• 감자튀김(1봉지) ············· $5b$원

09 다음 표는 희수네 반 학생 23명의 영어듣기 평가 점수를 조사하여 나타낸 것이다. 평가 점수가 9점인 학생 수가 a명일 때 희수네 반 전체 학생들의 영어 듣기 평가 점수의 총합을 a를 사용한 식으로 나타내시오.

점수(점)	10	9	8	7
학생 수(명)	7	a		8

10 $\dfrac{a}{b}=\dfrac{4}{3}$, $\dfrac{c}{d}=\dfrac{9}{14}$일 때, $\dfrac{3ac-2bd}{4bd-5ac}$의 값을 구하시오.

11 $\dfrac{1}{x}-\dfrac{1}{y}=5$일 때, $\dfrac{7x+5xy+2y}{3x-5xy+3y}$의 값을 구하시오. (단, $xy\neq0$)

12 $\dfrac{x+y}{a-b}=\dfrac{2}{3}$일 때, $\dfrac{x}{a-b}+\dfrac{7(x+2y)-8x-5y}{5(a-2b)+5a}$의 값을 구하시오.

13 두 수 a, b의 합과 차의 비가 $5:3$일 때의 $\dfrac{b}{a}$의 값과 $a-2b=3a-b$일 때의 $\dfrac{a+b}{a-b}$의 값의 합을 구하시오. (단, $a>b>0$)

14 n이 자연수일 때, 다음을 간단히 하시오.

$$(-1)^{2n} \times \left(\frac{a-b}{3} \right) - (-1)^{2n+1} \left(\frac{a+b}{3} \right)$$

15 $x=1$, $y=-3$일 때, $\dfrac{9(-x)^n}{y^2} - \dfrac{27(-x)^{n+3}}{y^3} + \dfrac{81(-x)^{2n}}{y^4}$의 값을 구하시오. (단, n은 자연수)

16 x, y, z의 평균을 A, x, y의 평균을 C, C와 z의 평균을 B라 할 때, A와 B의 대소 관계를 구하시오. (단, $x < y < z$)

17 다음 그림과 같이 구슬 한 개를 중앙에 놓고, 그 구슬을 둘러싼 사각형의 한 변의 구슬의 개수가 2, 3, 4, 5, …가 되도록 구슬을 나열하였다. 한 변의 구슬의 개수가 n개인 모양을 만들 때, 필요한 개수는 $an-b$개이다. 다음 보기 에서 설명이 옳은 것을 모두 고르시오. (단, a, b는 자연수)

> 보기
>
> ㄱ. $a+b=5$이다.
> ㄴ. 한 변의 구슬의 개수가 6개인 모양을 만들 때 필요한 구슬의 개수는 21개이다.
> ㄷ. n이 3의 배수일 때, 사용된 구슬의 개수도 3의 배수이다.

18 각 자리의 숫자가 모두 다른 세 자리의 자연수 A가 있다. 이 자연수의 십의 자리의 숫자와 일의 자리의 숫자를 바꾼 수를 B라고 하자. $A-B=36$일 때, 가능한 세 자리의 자연수 A의 개수를 구하시오. (단, A, B의 일의 자리의 숫자는 0이 아니다.)

01 자연수 n에 대하여 $p(n)=(n$의 각 자리의 숫자의 곱)이라 하자. 예를 들면, $p(36)=3\times6=18$, $p(234)=2\times3\times4=24$이다. $p(a)\times p(b)\times p(c)=6$을 만족하는 두 자리의 자연수 a, b, c에 대하여 $a+b+c$의 최솟값을 구하시오.

02 모든 자연수에 대하여 P를 D로 나누면 몫은 Q, 나머지는 R이고, Q를 D'으로 나누면 몫은 Q', 나머지는 R'이다. P를 DD'으로 나눌 때, 나머지를 구하시오.

03 $x:z=2:1$, $(y+z):z=3:2$이고, $\dfrac{(x+y+z)^2}{x^2+y^2+z^2}=a$, $\dfrac{x-3y+z}{-2x+y+3z}=b$일 때, $6a+2x+\dfrac{1}{3}b=5$를 만족하는 x의 값을 구하시오. (단, $xyz\neq0$)

04 두 정수 x, y에 대하여 $x(x-y)=2$를 만족시키는 순서쌍 (x, y)의 개수를 구하시오.

05 $a+b=6ab$, $b+c=8bc$, $c+a=10ca$일 때, $\dfrac{1}{a}+\dfrac{1}{b}+\dfrac{1}{c}$의 값을 구하시오.

06 다음 관계를 만족시키는 유리수 a를 구하시오. (단, $[a]$는 a를 넘지 않는 최대 정수이다.)

$$\frac{4}{5}\left(\frac{1}{a}-\left[\frac{1}{a}\right]\right)=a\,(0<a<1)$$

07 자연수 x, y가 $\dfrac{1}{x} + \dfrac{1}{y} = \dfrac{1}{4}$을 만족할 때, 순서쌍 (x, y)를 모두 구하시오.

08 $x - y + z = 0$일 때 다음 식의 값을 구하시오. (단, $x - y \neq 0$, $x + z \neq 0$, $z - y \neq 0$)

$$\frac{4yz}{(x-y)(x+z)} + \frac{5xy}{(x+z)(y-z)} + \frac{6xz}{(y-x)(z-y)}$$

09 m, n, a가 자연수일 때,

$\dfrac{(-1)^m(6a-5) + (-1)^{n+1}(3a+1)}{3 \times (-1)^{m+n}}$을 간단히 한 결과값 중 가장 큰 값과 가장 작은 값의 합을 구하시오.

10 어느 도시에서 스마트폰별 판매 현황을 조사하였더니 판매량에서는 전체 판매량 중 A 스마트폰이 25 %, B 스마트폰이 40 %를 차지하였고, 스마트폰 판매에 대한 매출액에서는 전체 매출액 중 A 스마트폰이 40 %, B 스마트폰이 30 %를 차지하였다. A, B 두 스마트폰 한 대당 판매 가격을 각각 p원, q원이라고 할 때, $\dfrac{p}{q}$의 값을 구하시오.

11 그릇 A에는 a %의 소금물 300 g이 들어 있고, 그릇 B에는 b %의 소금물 200 g이 들어 있다. 그릇 A에서 c g의 소금물을 덜어내어 그릇 B에 넣고, 그릇 A에는 물 c g을 넣었다. 이때 두 그릇 A, B에 들어 있는 새로 만들어진 소금물의 농도는 각각 $(a-mac)$ %, $\dfrac{nb+ac}{200+c}$ %일 때, 자연수 m, n에 대하여 $30mn$의 값을 구하시오.

12 세 유리수 a, b, c에 대하여 $a+b+c=0$일 때, 다음 식의 값을 구하시오. (단, $abc \neq 0$)

$$a\left(\frac{3}{b}+\frac{3}{c}\right)+b\left(\frac{3}{c}+\frac{3}{a}\right)+c\left(\frac{3}{a}+\frac{3}{b}\right)$$

13 오른쪽 도형의 둘레의 길이를 x, y를 사용한 식으로 나타내시오.

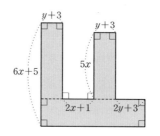

14 $a\%$의 소금물 $300\,\mathrm{g}$과 $b\%$의 소금물 $200\,\mathrm{g}$을 혼합하여 15%의 소금물을 만들었다. b는 a보다 크고, a의 2배보다 작을 때, $a+b$의 값이 될 수 있는 경우를 모두 구하시오. (단, a, b는 정수)

15 $\dfrac{20}{a}=2^n$(n은 자연수)이고, $1<a<2$, $-2<b<-1$을 만족하는 a, b에 대하여 $\dfrac{1}{a}+\dfrac{1}{b}$이 정수 값을 가질 때, $a+b$의 값을 구하시오.

16 A 상점에서는 원가가 a원인 물건에 x %의 이익을 붙여 판매하고 있다. 100개 초과하는 물건을 구매하면 초과분에 한해서 10 %를 할인해 주고, 200개 초과하는 물건을 구매하면 초과분에 한해 20 %를 할인해 준다고 한다. 이 물건을 300개 구매하면 지불해야 할 금액이 얼마인지 문자를 사용한 식으로 나타내시오.

17 오른쪽 그림과 같이 9개의 서로 다른 정사각형을 겹치지 않도록 붙여서 하나의 직사각형을 만들었다. 직사각형의 가로의 길이를 a **cm**라 할 때, 세로의 길이를 a를 사용한 식으로 나타내시오.

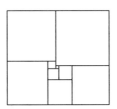

18 0이 아닌 세 수 x, y, z에 대하여 $x : y = 2 : 3$, $(x+z) : z = 5 : 1$일 때,

$$p = \frac{2x-3y+5z}{3x+4y-6z}, \quad q = \frac{2x+y-4z}{4x-2y-3z}$$ 이다.

이때 $6p - 3k - q = 7$을 만족시키는 정수 k의 값을 구하시오.

2 일차방정식

(1) 등식 : 등호(=)를 사용하여 두 수나 두 식이 서로 같음을 나타낸 식

(2) 방정식 : 미지수의 값에 따라 참이 되기도 하고, 거짓이 되기도 하는 등식

(3) 항등식 : 미지수에 어떤 값을 대입해도 항상 참이 되는 등식

(4) 등식의 성질 : $a=b$일 때,

 ① $a+c=b+c$ ② $a-c=b-c$

 ③ $ac=bc$ ④ $\dfrac{a}{c}=\dfrac{b}{c}$(단, $c\neq0$)

(5) 이항 : 등식의 한 변에 있는 항을 부호를 바꾸어 다른 변으로 옮기는 것

핵심 1 다음 중 방정식의 개수를 a개, 항등식의 개수를 b개라 할 때, $a-b$의 값을 구하시오.

> ㄱ. $2x-7$ ㄴ. $x\leq4x-1$
> ㄷ. $2x-x-3=x-2+3$ ㄹ. $4+x=2(x-2)+6$
> ㅁ. $-2x+3=0$ ㅂ. $x=\dfrac{3}{2}$
> ㅅ. $5(y-2)=2y+3y-10$ ㅇ. $(x+1)x=x^2+x$

핵심 3 다음 문장을 등식으로 나타냈을 때, 항등식인 것은?

① x의 3배에서 11을 뺀 것은 x에 2를 더한 것과 같다.

② x와 80의 평균은 x에 5를 더한 값과 같다.

③ 연속하는 세 홀수 중 가장 큰 수가 a일 때, 세 자연수의 합은 93이다.

④ 27을 x로 나누면 몫과 나머지가 모두 3이다.

⑤ 무게가 각각 $(3b-1)\,\mathrm{g}$, $(b+5)\,\mathrm{g}$, $(2b-1)\,\mathrm{g}$일 때 무게의 평균은 $(2b+1)\,\mathrm{g}$이다.

핵심 2 8명의 학생들은 각자 1장의 숫자 카드를 가지고 있다. 다음 중 옳은 설명을 한 학생들이 가진 숫자 카드를 한 번씩 모두 사용하여 만들 수 있는 가장 작은 자연수를 구하시오. (단, □ 안의 수는 가지고 있는 숫자 카드의 수이다.)

> 가람 : 3 $a=3b$이면 $a+6=3(b+2)$
> 나라 : 8 $x+b=y+a$이면 $x-a=y-b$
> 도겸 : 7 $\dfrac{x}{2}=\dfrac{y}{5}$이면 $10x=4y$
> 로운 : 5 $a=-b$이면 $\dfrac{a}{b}=-1$
> 명진 : 4 $ac=2bc$이면 $a=2b$
> 보람 : 2 $2x-3=4y-1$이면 $2x=4y+2$
> 사랑 : 1 $\dfrac{1}{3}m+2=3n$이면 $m=9n+6$
> 아름 : 9 $\dfrac{s}{3}+2=-2t$이면 $12t+12=-2s$

핵심 4 방정식 $-3x+6=21$을 푸는 과정에서 등식의 성질 '$a=b$이면 $a+c=b+c$이다.'를 이용하여 $Ax=B$의 꼴로 바꿨다. 이때 $A+B-c$의 값은? (단, $A<0$)

① 6   ② 9   ③ 12
④ 15   ⑤ 18

예제 **1** x의 값에 관계없이 등식 $(-3+a)x+2b=2-4(bx-1)$가 항상 참이 되도록 하는 유리수 a, b에 대하여 $a+2b$의 값을 구하시오.

Tip▸ 등식 $ax+b=cx+d$에서 $a=c$, $b=d$이면 항등식이다.

풀이 $(-3+a)x+2b=2-4(bx-1)$에서

$(-3+a)x+2b=-4bx+\boxed{}$

모든 x에 대하여 등식이 항상 참이 되어야 하므로

$-3+a=-4b$, $2b=\boxed{}$

$\therefore a=\boxed{}$, $b=3$

$\therefore a+2b=\boxed{}+2\times3=\boxed{}$

답 _____

응용 **1** 다음 세 다항식 A, B, C가 y, z를 사용한 식일 때, $A+B-C$를 간단히 하시오.

> $x+z-1=y-z$이면 $x=A+1$
> $2x-z=y+2z$이면 $-4x=B$
> $-(x+z)=2y+4z$이면 $2x=C$

응용 **2** 'x의 4배에 8을 더한 것은 x와 2의 합의 a배와 같다.'를 등식으로 나타냈을 때, 이 등식에 대한 설명으로 옳은 학생을 모두 말하시오.

> 가람 : $a=0$일 때, $x=-2$이면 등식이 성립한다.
> 나영 : $a=4$일 때, x에 어떤 값을 대입해도 항상 참이다.
> 다슬 : $a=1$일 때, x에 대한 방정식이다.

응용 **3** x에 대한 방정식 $4(k-3)x-2a=k(b-1)+3$이 k의 값에 관계없이 항상 $x=-1$을 해로 가질 때, 두 상수 a, b에 대하여 $a+b$의 값을 구하시오.

응용 **4** (나)는 (가)의 문장을 등식으로 나타내고, 등식의 성질을 이용하여 x의 값을 구하는 과정이다. 이때 a, b, c, d의 값을 구하시오. (단, a, b, c, d는 모두 양수이다.)

> (가) 현재 우리 아버지의 나이는 39살이고, 동생의 나이는 11살이다. 아버지의 나이가 동생의 나이의 3배가 되는 해는 x년 후이다.
>
> (나) $a(x+b)=x+39$
> $ax+33=x+39$
> $ax-x=39-33$
> $cx=6$
> $\therefore x=d$

(1) **일차방정식** : 방정식의 모든 항을 좌변으로 이항하여 정리한 식이 (x에 대한 일차식)$=0$의 꼴로 변형되는 방정식

(2) **일차방정식의 풀이** : 일차방정식은 다음과 같은 순서로 푼다.

    ① 미지수 x를 포함하는 항은 좌변으로, 상수항은 우변으로 이항한다.

    ② 양변을 정리하여 $ax=b$의 꼴로 고친다. (단, $a \neq 0$)

    ③ 양변을 x의 계수 a로 나누어 $x=$(수)의 꼴로 나타낸다.

(3) x에 대한 방정식 $ax=b$에서

    ① $a \neq 0$이면 해가 하나이다.

    ② $a=0$이고 $b=0$이면 해가 무수히 많다.

    ③ $a=0$이고 $b \neq 0$이면 해가 없다.

핵심 1
x에 대한 방정식 $ax+4(5-x)=4x+2a+4$의 해가 모든 수일 때, 일차방정식

$$\frac{2}{5}(x-a)=0.25a(x+10)$$의 해를 구하시오.

핵심 3
x에 대한 방정식 $x-\dfrac{1}{3}(x-a)=5$의 해가 양의 정수가 되도록 하는 자연수 a의 개수는?

① 3개   ② 5개   ③ 7개

④ 10개   ⑤ 12개

핵심 2
두 수 a, b에 대하여 $a \odot b = 2a-3b$라 할 때, $(-3x) \odot 6 = x \odot (1+x)$를 만족시키는 x의 값을 구하시오.

핵심 4
방정식 $|x-6|+3x=10$의 해가 $x=k$이다. 이때 k^2-4k+3의 값은? (단, $|x|$는 x의 절댓값을 나타낸다.)

① -11 ② -9 ③ -7

④ -5 ⑤ -1

예제 2 x에 대한 방정식 $ax-12=7x-15$의 해는 없고, $bx-c(x-2)=6$의 해는 모든 수일 때, $a+b-c$의 값을 구하시오.

Tip x에 대한 방정식 $ax=b$에서
① $a \neq 0$이면 해가 하나이다.
② $a=0$이고 $b=0$이면 해가 무수히 많다.
③ $a=0$이고 $b \neq 0$이면 해가 없다.

풀이 $ax-12=7x-15$를 정리하면
$(a-7)x=-3$
이때 $a-7=\square$이면 해를 갖지 않는다.
$\therefore a=\square$
$bx-c(x-2)=6$을 정리하면
$(b-c)x=6-2c$
이때 $b-c=0$, $6-2c=\square$이면 모든 수를 해로 갖는다.
$\therefore b=\square$, $c=\square$
$\therefore a+b-c=\square+\square-\square=\square$

답 _____

응용 1 x에 대한 방정식 $\dfrac{1}{5}(x+1):8a=0.3(x-2):4$ 의 해가 없을 때, 유리수 a의 값을 구하시오.

응용 3 x에 대한 두 방정식
$3(x-4)=2(2x-5)-3$ $\cdots$ ㉠
$p(x-4)-6(q+1)-12=0$ $\cdots$ ㉡
에서 ㉡의 해가 ㉠의 해의 2배일 때, $p+3q$의 값을 구하시오.

응용 2 x에 대한 방정식 $\dfrac{3}{4}(x-k)-2x=-5$의 해가 음의 정수일 때, 자연수 k의 최솟값을 구하시오.

응용 4 두 수 a, b에 대하여 $a \odot b$는 a, b 중 작지 않은 수를 나타낸다. 이때 $(px+2) \odot (px-7)=3x+q$를 만족시키는 x의 값이 무수히 많을 때, $p+q$의 값을 구하시오. (단, p, q는 상수)

(1) 연속하는 수에 대한 활용

연속하는 두 정수(자연수)일 때, $x-1$, x 또는 x, $x+1$로 놓고 식을 세워 x의 값을 구한다.

연속하는 두 홀수(짝수)일 때, $x-2$, x 또는 x, $x+2$로 놓고 식을 세워 x의 값을 구한다.

(2) 자릿수에 대한 활용

십의 자리의 숫자가 x, 일의 자리의 숫자가 y인 두 자리의 자연수는 $10x+y$임을 이용하여 일차방정식을 세울 수 있다.

(3) 과부족에 대한 문제

① 물건의 개수가 일정한 경우

➡ 사람 수를 x로 놓고

(모자란 경우의 물건의 개수)=(남는 경우의 물건의 개수)임을 이용하여 식을 세운다.

② 사람 수가 일정한 경우

➡ 의자, 방 등의 개수를 x로 놓고

(모자란 경우의 사람 수)=(남는 경우의 사람 수)임을 이용하여 식을 세운다.

핵심 ① 오른쪽 그림과 같이 달력의 4개의 수를 직사각형 모양의 테두리 안에 넣었을 때, 4개의 수의 합이 84가 되도록 직사각형 모양의 테두리를 그리시오.

일	월	화	수	목	금	토
		1	2	3	4	5
6	7	8	9	10	11	12
13	14	15	16	17	18	19
20	21	22	23	24	25	26
27	28	29	30	31	32	33

핵심 ② 일의 자리의 숫자가 4인 두 자리의 자연수가 있다. 이 수의 십의 자리의 숫자와 일의 자리의 숫자를 서로 바꾼 수는 처음 수보다 27이 작다고 한다. 이때 처음 수를 구하시오.

핵심 ③ 오른쪽 그림과 같은 사다리꼴 ABCD의 한 변 AD 위의 한 점 P를 지나고 변 CD와 평행한 직선을 그어 변 BC와 만나는 점을 Q라 하자.

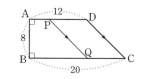

□ABQP$=\dfrac{1}{2}$□ABCD일 때, 선분 AP와 선분 PD의 길이의 비를 가장 간단한 자연수의 비로 나타내시오.

핵심 ④ 지윤이와 성재가 가위, 바위, 보를 하여 이긴 사람은 3점을 올려 주고, 진 사람은 1점을 감점한다고 한다. 30회를 실시한 결과 지윤이가 성재보다 32점이 많았을 때, 성재의 득점을 구하시오. (단, 비기는 경우는 없다.)

▶ 정답 및 풀이 **31쪽**

예제 3 가우스 기호 $[x]$는 x를 넘지 않는 최대 정수를 나타낸다.

방정식 $2x-[x]=\dfrac{18}{5}$을 만족시키는 x의 값을 모두 구하시오.

Tip x를 정수 a와 $0\le b<1$인 b의 합이라 할 때, $[x]=[a+b]=a$이다.

풀이 $x=a+b$(a는 정수, $0\le b<1$)라 하면 $[x]=a$이다.

식을 정리하면 $2(a+b)-a=\dfrac{18}{5}$, $a+2b=\dfrac{18}{5}$

$a+2b$를 정수 부분과 소수 부분으로 정리하면

(i) $0\le b<\dfrac{1}{2}$일 때, $0\le 2b<1$이므로 $2b$가 소수이다.

➡ $a=3$, $2b=\boxed{}$에서 $a=3$, $b=\boxed{}$

따라서 $x=a+b=3+\boxed{}=\boxed{}$

(ii) $\dfrac{1}{2}\le b<1$일 때, $1\le 2b<2$이므로 $2b-1$이 소수이다.

➡ $a+1=3$, $2b-\boxed{}=\dfrac{3}{5}$에서 $a=2$, $b=\boxed{}$

따라서 $x=a+b=2+\boxed{}=\boxed{}$

답 _____

응용 1 어느 회사에서 20명의 사원을 선발하는데 100명이 지원하였다. 시험을 치른 결과, 최저 합격 점수는 전체 평균보다 30점이 높고, 합격자의 평균보다 10점 낮고, 불합격자의 평균의 2배보다는 5점이 낮다고 한다. 이때 최저 합격 점수를 구하시오.

응용 2 어떤 분수 A를 기약분수로 고치면 $\dfrac{4}{5}$이고, 분수 A의 분자, 분모에 각각 6과 14를 더하면 $\dfrac{2}{3}$와 크기가 같아진다. 어떤 분수 A를 구하시오.

응용 3 연속하는 세 개의 3의 배수를 각각 a, b, c라 할 때, $\dfrac{a+b+1}{2}-\dfrac{a+c}{5}=8$이 성립한다고 한다.

다음 물음에 답하시오. (단, $a<b<c$)

(1) $b=3k$(k는 자연수)라 할 때, a, c를 k를 사용한 식으로 각각 나타내시오.

(2) $a+b+c$의 값을 구하시오.

응용 4 강당에서 학생들을 긴 의자에 앉히는데 의자 1개에 4명씩 앉히면 9명의 학생이 앉지 못한다. 그래서 5명씩 앉으려고 하니 남는 의자가 생겨 7개의 의자에는 4명씩 앉혀서 남는 자리가 없게 하였다. 이 강당에 모인 학생 수를 구하시오.

04 일차방정식의 활용 (2)

거리, 속력, 시간에 대한 문제는 다음과 같은 관계식을 이용하여 일차방정식을 세운다.

$$(거리)=(속력)\times(시간), \ (속력)=\frac{(거리)}{(시간)}, \ (시간)=\frac{(거리)}{(속력)}$$

핵심 1 희철이와 준성이네 집 사이의 거리는 **2.1 km**이다. 희철이는 1분에 **60 m**의 속력으로, 준성이는 1분에 **80 m**의 속력으로 각자의 집에서 오전 9시 30분에 동시에 출발하여 상대방의 집으로 향하였다. 이때 두 사람이 만나는 시각을 구하시오.

핵심 2 **A**지점에서 **B**지점까지 가는 데 시속 **60 km**로 달리는 열차와 시속 **40 km**로 달리는 버스가 있다. 이 열차와 버스가 동시에 **A**지점을 출발하면 열차가 버스보다 **B**지점에 30분 빨리 도착한다고 한다. 두 지점 **A**, **B** 사이의 거리를 구하시오.

핵심 3 어떤 열차가 일정한 속력으로 달려 360 m의 다리를 완전히 지나는 데 12초 걸리고, 길이가 **1.1 km**인 터널을 완전히 통과하는 데 32초가 걸린다면 이 열차의 길이를 구하시오.

핵심 4 오전 8시 45분에 **A**역을 출발하여 오전 9시 정각에 **B**역에 도착하는 기차가 있다. 이 기차는 출발 후 **1 km**와 도착 전 **1 km** 구간에서는 시속 **100 km**로, 나머지 구간에서는 시속 **150 km**의 속력으로 움직인다고 한다. 다음은 **A**역과 **B**역 사이의 거리를 구하려는 식을 세운 것이다. 물음에 답하시오.

> **A**역과 **B**역 사이의 거리를 x km라 할 때, 걸린 시간에 대한 식을 세우면
> $$\frac{1}{100}+\frac{\square}{150}+\frac{1}{100}=\frac{1}{4}$$

(1) □ 안에 알맞은 것을 구하시오.

(2) **A**역과 **B**역 사이의 거리를 구하시오.

예제 4 A에서 B까지 왕복하는 데 갈 때는 시속 3 km, 올 때는 시속 4 km로 걸을 때보다 모두 시속 x km로 걸을 때가 12분 늦게 도착하였다. A, B 사이의 거리가 12 km일 때, x의 값을 구하시오.

Tip ① A와 B 사이를 시속 3 km, 시속 4 km로 갈 때의 걸리는 시간 각각 구하기

② 시속 x km로 가고 올 때의 걸리는 시간을 x를 사용한 식으로 나타내기

③ (거리)=(시간)×(속력)임을 이용하여 x의 값 구하기

풀이 A, B 사이의 거리가 12 km이므로

시속 3 km로 갈 때 걸린 시간 : $\dfrac{12}{3} = \boxed{}$ (시간)

시속 4 km로 올 때 걸린 시간 : $\dfrac{12}{\boxed{}} = \boxed{}$ (시간)

시속 x km로 가고 올 때 걸린 시간 : $7 + \dfrac{12}{60} = \boxed{}$ (시간)

(거리)=(시간)×(속력)이므로 $12 \times 2 = \dfrac{36}{5} \times x$

$\therefore x = \boxed{}$

답 _____

응용 1 승연이의 걷는 속력은 매분 58 m이고 동권이는 승연이보다 빠르다고 한다. 운동장을 승연이와 동권이가 한 바퀴 도는데 같은 지점에서 서로 반대 방향으로 동시에 출발하면 출발한 지 6분만에 서로 만나고, 같은 방향으로 출발하면 30분만에 만난다고 한다. 동권이의 속력을 구하시오.

응용 2 자전거로 집에서 기차역까지 가는데 시속 15 km로 가면 기차가 출발하기 20분 전에 도착하고, 시속 9 km로 가면 기차가 출발한 지 20분 후에 도착한다고 한다. 기차가 출발하기 5분 전에 도착하려면 시속 몇 km로 가면 되는지 구하시오.

응용 3 A열차의 길이는 440 m, B열차의 길이는 200 m이고, 두 열차가 일정한 속력으로 어떤 철교를 완전히 건너가는 데 A열차는 40초, B열차는 32초가 걸렸다. 두 열차 A, B의 속력은 초속 a m로 서로 같고, 철교의 길이가 b m일 때, $b-a$의 값을 구하시오.

응용 4 일정한 속력과 일정한 간격으로 운행되는 기차의 선로를 따라 시속 5 km로 걷고 있는 사람이 있다. 이 사람은 16분마다 기차에 추월당하고, 12분마다 마주 오는 기차와 만난다고 한다. 이때 이 기차의 속력을 구하시오.

05 일차방정식의 활용 (3)

(1) 농도에 대한 문제 : 다음과 같은 관계를 이용하여 방정식을 세운다.

① (소금물의 농도)$= \dfrac{(소금의 양)}{(소금물의 양)} \times 100(\%)$ ② (소금의 양)$= \dfrac{(소금의 농도)}{100} \times (소금물의 양)$

(2) 증감에 대한 문제 :

① x가 $a\%$ 증가하면 $x + \dfrac{a}{100}x$ ② x가 $b\%$ 감소하면 $x - \dfrac{b}{100}x$

(3) 원가, 정가에 대한 문제

① 정가가 a원인 물건을 $x\%$ 할인하여 판매하는 가격은 $a\left(1 - \dfrac{x}{100}\right)$원

② 원가가 b원인 물건에 이윤 $y\%$를 붙인 정가는 $b\left(1 + \dfrac{y}{100}\right)$원

핵심 ① 1 민재는 피곤한 부모님을 위해 꿀 **25 g**과 물 **255 g**을 섞어 꿀물을 만들었다. 그런데, 누나가 꿀물은 **15 %** 정도의 농도가 가장 맛있다고 말했다. 그래서 민재는 꿀 x **g**을 더 넣어서 농도가 **15 %**인 꿀물을 만들었다. x의 값을 구하시오.

핵심 ② 2 소금물의 농도를 높이기 위해서는 물을 증발시키거나 소금을 더 넣을 수 있다. **4 %**의 소금물 **705 g**이 있을 때, 다음 물음에 답하시오.

(1) **6 %**의 소금물을 만들기 위해 더 넣어야 하는 소금의 양을 a **g**이라고 할 때, a의 값을 구하시오.

(2) **6 %**의 소금물을 만들기 위해 증발시켜야 하는 물의 양을 b **g**이라고 할 때, b의 값을 구하시오.

핵심 ③ 3 어느 동호회에서 작년에 가입된 회원 수는 **100명**이었다. 올해에 가입된 회원 수는 작년에 비하여 여자 회원 수는 **5 %** 증가하고, 남자 회원 수는 **3명**이 감소하여 전체적으로 **1명**이 감소됐을 때, 올해 이 동호회의 여자 회원 수를 구하시오.

핵심 ④ 4 원가에 **25 %**의 이익을 붙여 정가를 정한 상품이 팔리지 않아 이 정가에서 **10 %**를 할인하여 팔았더니 **1500원**의 이익을 얻었다. 이 상품의 원가를 구하시오.

예제 5 그릇 A에 농도가 5 % 인 소금물 300 g이 있고, 그릇 B에는 농도를 모르는 소금물 300 g이 있다. A와 B에서 동시에 100 g씩 떠내어 서로 다른 그릇에 넣었더니, B의 농도는 A의 농도보다 1 % 높았다. B 그릇에 담긴 처음 소금물의 농도를 구하시오. (단, 그릇은 A, B 2개뿐이다.)

Tip ① A와 B 각각의 100 g, 200 g 안에 들어 있는 소금의 양을 구한다.
② 섞은 후 A와 B에 들어 있는 소금의 양을 이용하여 식을 세워 B의 농도를 구한다.

풀이 B 그릇에 담긴 처음 소금물의 농도를 x %라 하자.

그릇 A에서 (100 g 안에 들어 있는 소금의 양)$=100 \times \dfrac{5}{100}=5(g)$

(200 g 안에 들어 있는 소금의 양)$=\boxed{} \times \dfrac{5}{100}=\boxed{}(g)$

그릇 B에서 (100 g 안에 들어 있는 소금의 양)$=x(g)$

(200 g 안에 들어 있는 소금의 양)$=\boxed{}(g)$

섞은 후 그릇 A에는 (A) 200 g과 (B) 100 g의 소금물이 들어 있고 그 소금의 양은 $(\boxed{}+x)\,g$

➡ 섞은 후의 그릇 A에 담긴 소금물의 농도는 $\dfrac{10+x}{\boxed{}} \times 100 = \boxed{}(\%)$

섞은 후 그릇 B에는 (A) 100 g과 (B) 200 g의 소금물이 들어 있고 그 소금의 양은 $(5+2x)\,g$

➡ 섞은 후의 그릇 B에 담긴 소금물의 농도는 $\dfrac{5+2x}{300} \times 100 = \dfrac{5+2x}{3}(\%)$

(B의 농도)$=$(A의 농도)$+1$이므로 $\dfrac{5+2x}{3}=\boxed{}+1$ $\therefore x=\boxed{}$ **답** _____

응용 1 어느 학교의 작년 학생 수는 **950**명이었다. 올해에는 작년보다 남학생은 **10 %** 증가하고 여학생은 **10 %** 감소하여 전체적으로 **7**명이 줄었다. 다음 물음에 답하시오.

(1) 작년 남학생 수를 x명이라 할 때, 올해 남학생 수와 올해 여학생 수를 x를 사용한 식으로 각각 나타내시오.

(2) 올해 남학생 수를 구하시오.

응용 2 어떤 상품을 정가대로 판매하면 1개에 **2000**원의 이익을 보고, 정가의 **20 %**를 할인하여 **100**개 판매했더니 이익금은 정가에서 **1500**원씩 할인하여 **120**개를 판매했을 때의 이익금과 같았다. 이 상품의 원가를 구하시오.

응용 3 물 속에서 금은 무게의 $\dfrac{1}{18}$이 가벼워지고, 은은 무게의 $\dfrac{2}{21}$만큼 가벼워진다. 무게가 **285 g**인 금과 은의 합금을 용수철저울에 매달아 물 속에서 무게를 재었더니 **264 g**이었다. 합금 속에 들어 있는 금의 무게를 구하시오.

응용 4 월 소득액 중에서 **300**만 원까지는 x %의 세금을 내고, **300**만 원을 초과한 소득에 대해서는 $(x+5)$ %의 세금을 낸다고 하자. 영수는 월소득액의 $(x+1.25)$ %를 세금으로 냈다면, 영수의 월 소득액은 얼마인지 구하시오.

06 일차방정식의 활용 (4)

(1) 일에 대한 문제 : 전체 일의 양을 1로 생각하여 각각 단위 시간(1일, 1시간 등) 동안 할 수 있는 일의 양을 먼저 구한다.

(2) 비율에 대한 문제 : 전체를 x로 놓고 부분의 합이 전체와 같음을 이용하여 일차방정식을 세워 푼다.

(3) 시계에 대한 문제 : 분침과 시침이 모두 12를 가리키는 것을 기준으로 구하려는 시각까지 분침과 시침이 회전한 각도를 미지수로 나타낸다. ➡ 1분마다 시침은 $\dfrac{30°}{60°}=0.5°$씩, 분침은 $\dfrac{360°}{60°}=6°$씩 움직인다.

핵심 1 창섭이와 지효가 같이 일을 하는 데, 창섭이가 혼자하면 15일, 지효가 혼자 하면 x일이 걸린다고 한다. 이 일을 창섭이가 5일 동안 혼자 일한 후 지효가 $(x-3)$일 동안 혼자서 일하면 끝낼 수 있을 때, x의 값을 구하시오.

핵심 2 어떤 물통에 물을 가득 채우는 데 A호스로는 8시간, B호스로는 16시간이 걸리며, 또 가득찬 물을 C호스로 빼는 데는 12시간이 걸린다고 한다. A, B호스로 물을 넣음과 동시에 C호스로 물을 뺀다면 이 물통에 물을 가득 채우는 데 몇 시간 몇 분이 걸리는지 구하시오.

핵심 3 어머니께서 민정이와 민호에게 주는 한 달 용돈의 총액은 50000원이고 이번 달에 민정이는 용돈의 $\dfrac{3}{7}$을 쓰고, 민호는 $\dfrac{3}{5}$을 썼다. 민정이와 민호가 이번 달에 쓰고 남은 돈의 비가 20 : 11일 때, 민정이와 민호가 처음에 받은 용돈을 각각 구하시오.

핵심 4 6시와 7시 사이에서 시계의 긴바늘과 짧은바늘이 이루는 각이 90°가 되는 시각을 구하려고 한다. A, B, C에 들어갈 수를 각각 구하시오.

> 6시 정각에 두 바늘이 이루는 각의 크기는 $\boxed{A}°$이었다.
> 시침과 분침이 이루는 각의 크기가 90°가 되는 시각을 6시 x분이라 하면
> (i) $(\boxed{A}+0.5x)-6x=90$일 때
>   방정식을 풀면 $x=\boxed{B}$
> (ii) $6x-(\boxed{A}+0.5x)=90$일 때
>   방정식을 풀면 $x=\boxed{C}$
> 따라서 6시와 7시 사이에서 시계의 긴바늘과 짧은바늘이 이루는 각이 90°가 되는 시각은
> 6시 $\boxed{B}$분과 6시 $\boxed{C}$분이다.

▶ 정답 및 풀이 34쪽

예제 6 다음은 어느 도서실의 출입증 기록을 확인한 결과이다. 이때 b의 값을 구하시오.

> 13 : 00 남학생 a명, 여학생 b명 이용 중
>
> 15 : 00 여학생 14명 도서실 퇴실. 현재 남아 있는 남학생 수는 여학생 수의 2배이다.
>
> 17 : 00 남학생 42명 도서실 퇴실. 현재 남은 있는 여학생 수는 남학생 수의 4배이다.

Tip ① 어떤 변량을 미지수 x로 놓을지 정한다.
② 시간의 흐름에 따라 식을 세워본다.

풀이 마지막 남은 남학생 수를 x명이라 하면
여학생 수는 $\boxed{}$명이다.
$(x+42):4x=\boxed{}:1$
$\boxed{}x=x+42,\ 7x=42 \qquad \therefore x=\boxed{}$
따라서 마지막 남은 여학생 수는 $4\times6=\boxed{}$(명)이므로
오후 1시에 도서실에 있었던 여학생 수는 $\boxed{}$(명)이다.

답 _____

응용 1 A, B, C 세 사람이 일을 하는데, 혼자하면 A는 24일, B는 12일, C는 8일이 걸린다. 2주만에 일을 마치려고 C가 혼자서 일을 하다가 중단하고 B가 이어서 일을 완성하였다. 이때 A가 B를 도와 2일 동안 일을 함께 하였기 때문에 예정보다 4일 빨리 일을 마쳤다. C가 며칠 동안 일을 하였는지 구하시오.

응용 2 A 물감통에는 파란색과 빨간색의 물감이 7 : 5의 비율로, B 물감통에는 5 : 3의 비율로 섞여 있다. 이 두 물감통의 물감을 모두 섞어서 파란색과 빨간색이 3 : 2의 비율로 섞인 물감 1 kg을 만들었다. A물감통에는 몇 g의 물감이 있었는지 구하시오.

응용 3 혜민이가 스터디카페에 도착하였을 때 시계를 보니 오후 5시와 6시 사이에 시침과 분침이 겹쳐 있었다. 공부를 끝내고 스터디카페를 나올 때 시계를 보니 오후 9시와 10시 사이에 시침과 분침이 겹쳐 있었다. 다음 물음에 답하시오.

(1) 공부를 시작한 시각을 구하시오.

(2) 공부를 끝낸 시각을 구하시오.

(3) 스터디카페에서 공부한 시간을 구하시오.

01 x에 대한 방정식 $ax+4b=3x+12$의 해가 $x=0$이 되도록 하는 상수 a, b의 조건을 각각 구하시오.

02 x에 대한 방정식 $5x+6=4x-a$의 해가 $\dfrac{x-1}{3}+\dfrac{x-2a}{5}=1$의 해의 4배일 때, 상수 a의 값을 구하시오.

03 x에 대한 방정식 $-a\left(2-\dfrac{2}{9}x\right)=\dfrac{1}{3}(2x-18)$의 해가 무수히 많을 때, a의 값을 구하시오.

NOTE

04 x에 대한 방정식 $\dfrac{x+4}{3} - \dfrac{ax-3}{2} = x + \dfrac{7}{6}$의 해가 없기 위한 a의 값을 구하시오.

05 등식 $4a+2b = 5a-2b$가 성립하고, $\dfrac{2a+b}{a-b}$의 값이 x에 대한 방정식 $5x+m=8$의 해일 때, m의 값을 구하시오. (단, $ab \neq 0$)

06 x에 대한 방정식 $\dfrac{x+2}{4} = \dfrac{2a-3}{3} + 2$의 해가 $\dfrac{x+1+2a}{2} = \dfrac{3a+3}{5}$의 해의 5배일 때, a의 값을 구하시오.

07 $a : b : c = 1 : 2 : 4$이고, $\dfrac{a-b-c}{a+b+c}=m$, $\dfrac{ab+bc+ca}{2b^2}=n$일 때, $7m+2x=8n$을 만족시키는 x의 값을 구하시오. (단, $abc \neq 0$)

08 서로 다른 두 수 a, b에 대하여 $a \blacktriangle b = (a, b$ 중 큰 수$)$라 할 때, $1 \blacktriangle (2x-1) = 2$를 만족시키는 x의 값을 구하시오.

09 $a+b = 3a+5b$일 때, $\dfrac{3a-2b}{2a+b}$의 값이 x에 대한 방정식 $-6x+m=3$의 해이다. 이때 상수 m의 값을 구하시오.

10 방정식 $3|x+4|=5x+6$의 해를 구하시오.

11 비례식 $0.3(x+2):a=0.2(x-3):2$를 만족하는 x가 존재하지 않을 때, 상수 a의 값을 구하시오.

12 정가의 **30 %**를 할인해서 팔아도 원가의 **40 %**의 이익이 남게 하기 위해서 원가에 붙여야 하는 이율(**%**)을 구하시오.

13 목장에서 양을 키우는데 1년에 3배씩 증가한다. 처음에 양을 몇 마리 사서 기르다가 1년과 2년 후에 각각 20마리씩 팔았더니, 3년 후에 300마리가 되었다. 처음에 산 양의 수를 구하시오.

NOTE

14 두 개의 그릇 A, B에 각각 x %, y %의 소금물이 100 g씩 들어 있다. 처음에 B에서 20 g 퍼내어 버리고, 다음에 A에서 20 g 퍼내어 B에 넣은 후 A에는 물 20 g을 넣었을 때, A, B의 소금물의 농도가 같게 되었다. x와 y의 비를 가장 간단한 자연수의 비로 나타내시오.

15 음악실에서 학생들이 의자 1개에 4명씩 앉으면 20명의 학생이 앉지 못하고, 5명씩 앉으면 의자가 몇 개 남는다. 학생들을 15개의 의자에는 4명씩, 나머지 의자에는 5명씩 빈자리없이 모두 앉게 하였을 때, 음악실에 모인 학생 수를 구하시오.

16 한별이는 가진 돈의 $\dfrac{1}{3}$을 쓰고 나머지의 $\dfrac{3}{4}$을 한솔이에게 빌려 주었더니, 그 날 오후에 한솔이는 빌린 돈의 $\dfrac{1}{5}$을 갚았다. 한별이가 저녁에 다시 가진 돈의 $\dfrac{1}{3}$을 쓰고 남은 돈이 16000원이었다면 한별이가 처음에 가지고 있었던 돈은 얼마인지 구하시오.

17 4 %의 소금물과 5 %의 소금물을 섞은 후 물을 더 넣어 3 %의 소금물 240 g을 만들었다. 4 %의 소금물과 더 넣은 물의 양의 비가 1 : 3일 때, 더 넣은 물의 양을 구하시오.

18 오른쪽 사다리꼴 ABCD에서 $\overline{AB}=10\,cm$, $\overline{CD}=8\,cm$, $\overline{BH}=6\,cm$일 때, 점 P는 초속 4.8 cm의 속력으로 점 B에서 점 C까지 움직이고, 점 Q는 초속 6 cm의 속력으로 점 B에서 점 A를 지나 점 D까지 움직인다. 점 P, Q가 점 B를 동시에 출발하여 각각 점 C, D에 동시에 도착한다면 출발 후 몇 초가 걸리는지 구하시오.

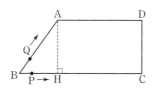

19 A, B 두 사람이 공동으로 사업을 경영하는데, A는 1월에 250만 원을, 2월부터는 전월보다 x만 원씩 감소시켜 8월까지 투자하였고, B는 3월에 처음으로 y만 원을, 4월부터는 전월보다 40만 원씩 증가시켜 8월까지 투자하였다. 8월까지 A, B 두 사람의 투자액이 1440만 원으로 같았을 때, x, y의 값을 각각 구하시오.

NOTE

20 흰색과 검은색의 비율이 9 : 1인 페인트 600 g과 흰색과 검은색의 비율이 3 : 7인 페인트 600 g이 있다. 이 두 종류의 페인트를 섞어 흰색과 검은색의 비율이 3 : 1인 페인트를 만들면 최대 몇 g의 페인트를 만들 수 있는지 구하시오.

21 농도가 다른 A, B 두 가지 소금물이 있다. A의 소금물 50 g과 B의 소금물 100 g을 섞었더니 10 %의 소금물이 되었다. 또, A의 소금물 100 g과 B의 소금물 50 g을 섞었더니 8 %의 소금물이 되었다. 두 소금물 A, B의 농도를 각각 a %, b %라 할 때, $b-a$의 값을 구하시오.

22 세 점 A, B, C가 반지름의 길이가 r인 원 위를 두 점 A, B는 분속 32 m의 속력으로, 점 C는 일정한 속력으로 도는 데, 두 점 A와 C는 시계 방향으로 점 B는 시계 반대 방향으로 돌고 있다. 점 A는 5분마다 점 C를 추월하고, 점 B는 3분마다 점 C와 만난다고 할 때, 점 C의 속력을 구하시오. (단, 세 점 A, B, C는 처음에 같은 지점에서 출발한다.)

23 주현이는 어떤 목적지에 오후 2시까지 도착하려고 한다. 주현이가 차를 타고 시속 36 km의 속력으로 달린다면 목적지에 오후 3시에 도착할 것이고, 시속 54 km의 속력으로 달린다면 목적지에 오후 1시에 도착할 것이다. 이때, 주현이는 시속 몇 km의 속력으로 달려야 정각 오후 2시에 목적지에 도착하는지 구하시오.

24 동민이가 자전거를 타고 시속 20 km의 속력으로 자신의 집을 출발하면 도서관에 오전 9시에 도착한다. 그런데 출발한 지 15분 후에 잊은 물건이 생각나서 속력을 25 % 증가시켜 집에 돌아와서 4분간 머물렀다가 다시 집에 돌아올 때의 속력과 같은 속력으로 출발하였더니 도서관에 도착한 시각이 오전 9시 16분이었다고 한다. 동민이의 집과 도서관 사이의 거리를 구하시오.

01 x에 대한 방정식 $2x - \dfrac{3}{4}(x+a) = -3$의 해가 음수일 때, 자연수 a의 값을 모두 구하시오.

02 다음 방정식의 해를 구하시오.

(1) $\dfrac{x + \dfrac{x + \dfrac{x}{3}}{3}}{3} = 2x + 1$

(2) $\dfrac{\dfrac{5x}{4}}{\dfrac{2}{x} + \dfrac{2}{4x}} = \dfrac{1}{2}x^2 + x + 1 \, (x \neq 0)$

03 x에 대한 방정식 $\dfrac{x-a}{b-a} + \dfrac{x-c}{b-c} = 2$의 해가 무수히 많을 때, a, b, c 사이의 관계식을 구하시오.

04 $a+b+c=0$, $abc\neq0$일 때, 다음 x에 대한 방정식의 해를 구하시오.

(단, $a^3+b^3+c^3=(a+b+c)(a^2+b^2+c^2-ac-bc-ca)+3abc$임을 이용한다.)

$$ax\left(\frac{1}{b}+\frac{1}{c}\right)+bx\left(\frac{1}{c}+\frac{1}{a}\right)+cx\left(\frac{1}{a}+\frac{1}{b}\right)=3$$

NOTE

05 x에 대한 방정식 $\dfrac{(x-6)}{3}-\dfrac{x}{4}=\dfrac{x}{12}-a$를 푸시오.

06 x에 대한 방정식 $(1-a)x-5=bx+2b$의 해가 무수히 많을 때, x에 대한 방정식 $\dfrac{x-1}{4}-\dfrac{x}{2a}=\dfrac{1}{4}$의 해를 구하시오.

07 두 일차방정식 $4x+5=x+a$, $3(x-2)-2=-x-12$의 해가 같지 않을 때 상수 a의 값이 될 수 없는 수를 구하시오.

08 x에 대한 일차방정식 $4(3x+k)-13=3(3x-2)+2k$의 해가 자연수가 되도록 하는 자연수 k의 값에 대하여 x에 대한 일차방정식 $\dfrac{k-3}{5}(3x-1)=\dfrac{3}{4}(x-k)+\dfrac{1}{2}$의 해를 구하시오.

09 x에 대한 방정식 $ax-b+3=0$의 해를 구하시오.

10 x에 대한 일차방정식 $ab(x-a-b)+bc(x-b-c)+ca(x-c-a)=3abc$의 해를 p라고 할 때, $\dfrac{10p}{a+b+c}$의 값을 구하시오. (단, $ab+bc+ca \neq 0$)

NOTE

11 x에 대한 방정식 $(3a+4)x+2b-5=2ax+4b$의 해는 2개 이상이고, x에 대한 방정식 $3x+2a=c(x+2b)$의 해는 존재하지 않는다. 이때 상수 a, b, c에 대하여 $a+b-c$의 값을 구하시오.

12 상연이와 예슬이는 다음과 같은 x에 대한 일차방정식을 풀고 있다. 그런데 상연이가 a를 $-\dfrac{1}{3}$로 잘못 보고 구한 해가 $x=1$이고, 예슬이가 b를 6으로 잘못 보고 구한 해가 $x=\dfrac{5}{3}$이다. 이때 처음 방정식을 바르게 풀었을 때의 해를 구하시오. (단, a, b는 상수)

$$\frac{3a(x-2)}{4} - \frac{3-bx}{5} = \frac{3}{20}$$

13 한솔이와 한별이는 같은 지점에서 출발하여 **5 km** 떨어져 있는 언덕 꼭대기까지 왕복 달리기를 하였다. 한솔이는 **10분** 먼저 출발하여 언덕을 올라갈 때에는 시속 **15 km**의 속력으로, 내려올 때에는 시속 **18 km**의 속력으로 달렸고, 한별이는 올라갈 때에는 시속 **16 km**의 속력으로, 내려올 때에는 시속 **20 km**의 속력으로 달렸다. 이때, 두 사람이 처음으로 마주치는 위치는 언덕 꼭대기로부터 몇 **km** 떨어진 지점인지 구하시오.

14 저수지에 2400톤의 물이 있는데, 지금처럼 일정한 양의 물이 흘러 들어오면 30일 동안 논에 물을 공급할 수 있다. 그런데 가뭄으로 흘러 들어오는 물의 양이 $\frac{1}{3}$로 감소하면 12일 밖에 물을 공급하지 못한다고 한다. 이 경우 예정대로 30일간 물을 공급하려면 현재의 공급량을 얼마만큼 감소시켜야 하는지 구하시오.

15 정류장으로부터 동쪽으로 1500 m 떨어진 지점에 백화점이 있다. A는 오후 1시 50분에 정류장을 출발하여 동쪽으로 분속 70 m의 속력으로 걷고, B는 오후 2시에 백화점을 출발하여 서쪽으로 분속 130 m의 속력으로 걷기 시작하였다. 정류장이 A의 위치와 B의 위치의 정중앙이 되는 시각을 구하시오.

16 어느 기업에서 사원들에게 상여금을 주려고 한다. A에게는 100만 원과 나머지 돈의 $\dfrac{1}{10}$을 주고, B에게는 A에게 주고 남은 돈에서 200만 원과 나머지 돈의 $\dfrac{1}{10}$을 주고, 그리고 C에게는 B에게 주고 남은 돈에서 300만 원과 나머지 돈의 $\dfrac{1}{10}$을 주었다. 이와 같은 방법으로 상여금을 주었을 때, 모든 사원의 상여금은 같다고 한다. 기업이 주어야 하는 총 상여금은 얼마인지 구하시오.

17 동민이는 자전거를 타고 A마을에서 B마을까지 일정한 속력으로 가려고 한다. 만약 분속 $\dfrac{1}{2}$ km 더 빠르게 가면 시간이 20 %가 단축되고, 분속 $\dfrac{1}{2}$ km 더 느리게 가면 $\dfrac{5}{2}$분이 더 걸린다고 한다. A마을에서 B마을까지의 거리를 구하시오.

18 화물차 A, B, C가 있다. 어떤 화물을 A화물차 5대로 매일 8시간씩 나르면 12일에, B화물차 12대로 매일 10시간씩 나르면 5일에, C화물차 3대로 매일 8시간씩 나르면 5일에 모두 나를 수 있다고 한다. 만일 A화물차 4대, B화물차 5대, C화물차 3대로 매일 8시간씩 함께 나른다면 며칠만에 모두 나를 수 있는지 구하시오.

19 상연이가 어떤 다리를 건너기 시작하여 전체 길이의 $\frac{3}{8}$만큼을 건넜을 때, 뒤에서 오는 버스의 경적 소리를 들었다. 만일 상연이가 시속 **10 km**로 되돌아가면 버스가 다리에 들어오는 순간 다리에서 벗어날 수 있다. 또 시속 **10 km**로 앞으로 가면 버스와 동시에 다리를 벗어날 수 있다. 이때 버스의 속력은 시속 몇 **km**인지 구하시오.

NOTE

20 어느 지하철역에서 신영이가 에스컬레이터를 타고 올라가는데 2분 30초가 걸렸고, 정지해 있는 이 에스컬레이터를 뛰어 내려가는데 1분 30초가 걸렸다. 만약 신영이가 올라오고 있는 에스컬레이터를 뛰어서 내려간다면 걸리는 시간은 몇 초인지 구하시오.

21 어느 시계가 4시와 5시 사이를 가리키고 있다. 시침과 분침이 서로 반대 방향으로 일직선을 이루는 시각이 4시 a분, 시침과 분침이 직각을 이루는 두 시각의 차가 b분이라 할 때, $11(a-b)$의 값은 얼마인지 구하시오.

22 상, 중, 하 3단으로 된 책꽂이에 책이 모두 832권 꽂혀 있다. 상단에서 하단으로 10권을 옮기고, 중간단에서 $\frac{2}{5}$의 책을 뽑아내었더니 상단과 중간단의 권수가 같아지고 하단은 상단의 권수의 0.8배가 되었다. 처음 상단에 있던 책은 모두 몇 권인지 구하시오.

23 두 용기 A, B에 설탕물이 들어 있다. A에는 12 %의 설탕물 800 g, B에는 20 %의 설탕물 1200 g이 들어 있다. A, B에서 같은 양의 설탕물을 덜어내어 서로 바꾸어 넣으면 두 용기의 설탕물의 농도가 같아진다고 한다. 이때 덜어내어 서로 바꾸어 넣은 설탕물의 양은 몇 g인지 구하시오.

24 어느 중학교 1학년 수학경시대회에 100명이 참가하여 점수가 높은 순서대로 16명이 수상하였다. 16등 한 학생은 참가한 전체 학생의 평균보다 36점이 높았고, 수상자들의 평균보다는 6점이 낮고 수상하지 못한 학생들의 평균의 3배보다는 6점이 낮다고 한다. 이때, 16등 한 학생의 점수를 구하시오.

01 다음 두 부등식을 모두 만족시키는 음이 아닌 두 정수 a와 b의 순서쌍 (a, b)는 모두 몇 개인지 구하시오.

$$a+4b<16, \quad |a-b|+a<b+4$$

02 두 자연수 a와 b 사이의 기약분수 중 분모가 9인 모든 기약분수의 개수를 a, b를 사용한 식으로 나타내시오. (단, $a<b$)

03 모든 유리수 x, y에 대하여 $(2x-3y)a-(x-2)b=-cx-6y+6$이 성립할 때, $a-b-c$의 값을 구하시오.

NOTE

04 방정식 $2x-[x]=\dfrac{13}{4}$의 모든 해의 합이 $\dfrac{b}{a}$일 때, $a+b$의 값을 구하시오. (단, $[x]$는 x 이하의 최대정수이고, a, b는 서로소이다.)

05 피자 한 판을 주문하면 쿠폰 한 장을 주는 가게가 있다. 이 쿠폰 8장을 모으면 피자 한 판과 다시 쿠폰 한 장을 준다고 한다. 시정이는 쿠폰 8장이 모이면 반드시 피자를 주문한다. 시정이가 지난 3년 동안 먹은 피자가 123판일 때, 실제로 지불한 돈은 피자 a판 값이며 현재 가지고 있는 쿠폰은 b장이다. 이때, $a+b$의 값은 얼마인지 구하시오.

06 A그릇에는 x %의 소금물이 300 g, B그릇에는 $(x-5)$ %의 소금물이 500 g 들어 있다. A그릇의 소금물 100 g을 B그릇에 넣고 섞은 뒤, 다시 B그릇의 소금물 200 g을 A그릇에 넣어 섞었다. 또 다시 A그릇의 소금물 200 g을 B그릇에 넣고 섞었을 때, B그릇의 소금의 양은 $(ax-b)$ g이 된다. 이때, ab의 값을 구하시오. (단, a, b는 양수)

07 예슬이는 x개의 구슬을 가지고 있다. 먼저 상자 A에 구슬 12개와 나머지 구슬의 $\frac{1}{3}$을 넣은 후, 남은 구슬에서 상자 B에 구슬 40개와 그 나머지의 $\frac{5}{8}$를 넣었다. 이때 상자 A에 들어 있는 구슬의 개수와 상자 B에 들어 있는 구슬의 개수를 가장 간단한 자연수의 비로 나타내시오.

08 영어, 수학 두 시험에 모두 합격한 응시자 수는 영어 시험에 합격한 응시자 수의 40 %이고, 수학 시험에 합격한 응시자 수의 60 %이다. 영어, 수학 두 시험에 모두 불합격한 응시자 수는 전체 응시자 수의 24 %라고 할 때, 영어 시험의 불합격률을 p %, 수학 시험의 불합격률을 q %라고 하자. 이때 $p+q$의 값을 구하시오. (단, 모든 응시자는 영어, 수학 시험에 응시하였다.)

09 일정한 속력으로 내려오는 에스컬레이터가 있다. 두 사람 A와 B가 각각 에스컬레이터를 타고 내려오면서 서로 일정한 속력으로 1걸음에 1계단씩 걸어서 내려온다. A의 걷는 속력이 B의 걷는 속력보다 4배 빨라서 A는 32걸음만에 내려왔고, B는 24걸음만에 내려왔다고 할 때, 이 에스컬레이터가 멈춰있을 때의 계단 수를 구하시오.

10 다음 x에 대한 세 일차방정식의 해가 모두 $x=k$로 모두 같을 때, $m+n-k$의 값을 구하시오.

(단, m, n, k는 상수)

$$x-(m+3-2x)=5x-4$$
$$\frac{3x+m}{5}+\frac{x-1}{2}=-1.7$$
$$15-\{x-2(3-n)+2m\}=5$$

11 A에서 15를 빼면 B, B를 3으로 나누면 C, C에 4를 더하면 D, D에 6을 더하면 E, E에 $\frac{5}{2}$를 곱하면 A가 된다. A, B, C, D, E 중 2개를 선택한 후 붙여 써서 암호를 만들려고 할 때, 만들 수 있는 암호 중 가장 큰 수와 가장 작은 수의 차를 구하시오. (예를 들면, 12와 34로 만들 수 있는 암호는 1234와 3412이다.)

12 정확하지 않은 두 시계 **A**, **B**를 오전 6시 정각에 맞추어 놓았다. 그날 정오경에 **A**시계가 12시일 때, **B**시계는 11시 36분이었다. 시간이 지난 후 실제로 오후 5시 정각일 때, **B**시계를 다시 5시로 맞추었고, **A**시계는 그대로 두었다. 그날 자정경에 **B**시계가 12시일 때, **A**시계는 12시 45분이었다. 실제 오후 5시 정각이었을 때, **A**시계는 5시 몇 분을 가리키는지 구하시오.

13 고속도로에서 길이가 각각 **8 m**, **10 m**인 트럭 두 대가 같은 차선을 같은 속력으로 달리고 있다. 두 트럭을 뒤 따라가던 길이가 **4 m**인 승용차가 이 두 대의 트럭을 추월해 지나갔다. 첫 번째 길이가 **8 m**인 트럭을 추월하는데 4초가 걸렸고, 그로부터 두 번째 **10 m**인 트럭을 추월하는데 2분이 걸렸다고 한다. 이때, 두 트럭 사이의 거리를 구하시오.

14 A통에는 소금 **30 kg**, B통에는 물 **60 kg**이 들어 있다. A, B통에서 각각 같은 양의 소금과 물을 꺼내 상대편 통에 넣은 후 A, B 두 통에서 각각 **10 kg**의 소금물을 꺼내 상대편 통에 넣었더니 두 통의 소금물의 농도가 같아졌다. 처음 A통에서 꺼낸 소금의 양을 구하시오.

15 오후 5시, 어떤 주차장에 몇 대의 차가 주차되어 있고, 매분마다 일정한 비율로 차가 들어온다고 한다. 매분 평균 12대의 차가 나가면 오후 5시 50분에 주차장의 차가 모두 나가고, 매분 평균 6대의 차가 나가면 오후 7시 30분에 주차장의 차가 모두 나간다. 이때 오후 6시 30분까지 주차장의 차를 모두 나가게 하려면 매분 최소한 몇 대의 차를 나가게 해야 하는지 구하시오.

III 좌표평면과 비례관계

1 좌표평면과 그래프

(1) 수직선 위의 점의 좌표
　① 수직선 위의 한 점에 대응하는 수를 그 점의 좌표라고 한다.
　② 점 P의 좌표가 a일 때, 이것을 기호로 P(a)와 같이 나타낸다.

(2) 좌표와 좌표평면
　① 순서쌍 : 두 수의 순서를 정하여 쌍으로 나타낸 것
　② 좌표평면 : 좌표축이 그려져 있는 평면
　③ 좌표평면 위의 한 점 P에서 x축, y축에 각각 수선을 내려 x축, y축과 만나는 점이
　　나타내는 수를 각각 a, b라 할 때, 순서쌍 (a, b)를 점 P의 좌표라 하고 기호로
　　P(a, b)와 같이 나타낸다.

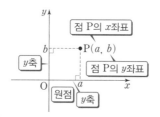

　④ 사분면 : 좌표평면은 오른쪽 그림과 같이 좌표축에 의하여 4개의 부분으로 나누어지
　　고, 각 부분을 제1사분면, 제2사분면, 제3사분면, 제4사분면이라고 한다.

핵심 ① 다음 보기를 읽고 도서관의 위치를 P라 할 때, 점 P의 좌표를 기호로 나타내시오. (단, 점 O는 수직선 위의 원점이다.)

> **보기**
>
> 학교를 기준(O)으로 모든 장소는 동서로 뻗은 직선 도로에 위치한다. 학교를 기준으로 동쪽은 양수, 서쪽은 음수에 대응한다. 공원은 학교에서 동쪽으로 150 m 떨어져 있고, 우체국은 공원에서 서쪽으로 350 m 떨어져 있다. 도서관은 우체국과 학교의 한 가운데에 위치하고 있다.

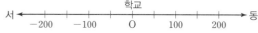

핵심 ② 두 개의 주사위 A, B를 동시에 던져서 나온 눈의 수를 각각 a, b라고 할 때, 두 눈의 수의 곱이 6의 배수가 되는 순서쌍 (a, b)의 개수를 구하시오.

핵심 ③ 점 P($-a$, ab)가 제3사분면 위의 점일 때, 다음 중 제4사분면 위에 있는 점을 모두 고르면?

① (a, b) 　　　　　 ② (b, a)
③ $(a-b, a)$ 　　　 ④ $(ab, b-a)$
⑤ $(-b, -2a)$

핵심 ④ 점 A($-a+4$, $5b-10$)은 x축 위의 점이고,
점 B$\left(\dfrac{1}{2}b-a, a-b\right)$는 y축의 위의 점일 때,
점 C($a-3b$, $2ab$)가 속하는 사분면은?

① 제1사분면 　　　 ② 제2사분면
③ 제3사분면 　　　 ④ 제4사분면
⑤ 어느 사분면에도 속하지 않는다.

예제 **1** 정육면체 모양의 주사위에는 숫자가 2부터 7까지 차례로 써있고, 정사면체 모양의 주사위에는 숫자가 1부터 4까지 차례로 써있다. 이 두 주사위를 던져 정육면체의 주사위에서 나온 수를 a, 정사면체의 주사위에서 나온 수를 b라고 할 때, $|a-b| \leq 1$을 만족시키는 순서쌍 (a, b)의 개수를 구하시오.

Tip $|a-b| \leq 1$이므로
$|a-b| = 1$일 때와 $|a-b| = 0$일 때인 경우로 각각 나누어 순서쌍 (a, b)를 구할 수 있다.

풀이 (i) $|a-b| = 1$인 경우
$(5, 4), (4, 3), (3, \boxed{}), (3, \boxed{}), (2, 3), (2, 1)$ ➡ 6개

(ii) $|a-b| = 0$인 경우
$(2, 2), (3, 3), (4, 4)$ ➡ 3개

따라서 구하려는 순서쌍 (a, b)의 개수는 $\boxed{} + 3 = \boxed{}$(개)

답 _____

응용 **1** 다음과 같이 종이에 쓰인 글을 읽으면서 보물의 위치를 추적하고 있다. 세 개의 점 A, B, C와 보물이 있는 지점을 각각 좌표평면 위에 나타내시오.

> 1. 원점으로부터 x축, y축 방향으로 각각 3, 4만큼 떨어져 있는 제1사분면 위의 점 A를 찾으시오.
> 2. 점 A의 x좌표에서 y좌표의 2배를 뺀 값을 x좌표로 하고 x축 위에 있는 점 B를 찾으시오.
> 3. 점 B로부터 오른쪽으로 7만큼, 아래쪽으로 3만큼 이동한 점 C를 찾으시오.
> 4. 점 C의 x좌표와 y좌표를 서로 바꾼 좌표가 보물이 있는 장소이다.

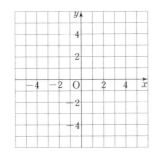

응용 **2** 두 수 a, b에 대하여 $a-b < 0$, $-ab > 0$일 때, $P(b-2a, a-b^2)$는 제몇 사분면 위의 점인가?

① 제1사분면   ② 제2사분면
③ 제3사분면   ④ 제4사분면
⑤ 어느 사분면에서 속하지 않는다.

응용 **3** 제3사분면 위에 있는 점의 x좌표가 a이고, 제2사분면 위에 있는 점의 y좌표를 b라 하자. 두 정수 a, b에 대하여 $1 < |a| < 3$, $|2b| = 10$일 때, $Q(a+b, a^2-ab)$은 어느 사분면 위에 있는가?

① 제1사분면   ② 제2사분면
③ 제3사분면   ④ 제4사분면
⑤ 어느 사분면에서 속하지 않는다.

III 좌표평면과 비례관계

02 대칭인 점의 좌표와 삼각형의 넓이

(1) 좌표평면 위의 한 점 (a, b)에 대하여
  ① x축에 대하여 대칭인 점의 좌표는 $(a, -b)$
  ② y축에 대하여 대칭인 점의 좌표는 $(-a, b)$
  ③ 원점에 대하여 대칭인 점의 좌표는 $(-a, -b)$

(2) 좌표평면 위의 삼각형의 넓이
  세 점 $A(x_1, y_1)$, $B(x_2, y_2)$, $C(x_3, y_3)$를 꼭짓점으로 하는 삼각형 ABC의 넓이 S는 다음과 같이 계산할 수 있다.

$$S = \frac{1}{2}\left| \begin{matrix} x_1 & x_2 & x_3 & x_1 \\ y_1 & y_2 & y_3 & y_1 \end{matrix} \right| = \frac{1}{2}\left|(x_1y_2 + x_2y_3 + x_3y_1) - (x_2y_1 + x_3y_2 + x_1y_3)\right|$$

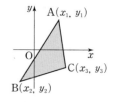

핵심 1 점 $(a-1, -6)$과 x축에 대하여 대칭인 점을 A, 점 $(4+b, 2b)$와 y축에 대하여 대칭인 점을 B라 하자. 두 점 A, B가 일치할 때, $a+b$의 값은?

① 6   ② 1   ③ -3
④ -4 ⑤ -5

핵심 3 두 점 $P(4a, 2b)$, $Q(-a, b-6)$이 모두 y축 위에 있고, 서로 x축에 대하여 대칭이 된다. 이때 $R(b+2, a+5)$는 제몇 사분면의 점인가?

① 제1사분면   ② 제2사분면
③ 제3사분면   ④ 제4사분면
⑤ 어느 사분면에도 속하지 않는다.

핵심 2 좌표평면 위의 두 점 $P(4x+6, 5-2y)$, $Q(-2x, y-13)$이 원점에 대하여 서로 대칭일 때, $x-y$의 값은?

① -3 ② 1   ③ 3
④ 4   ⑤ 5

핵심 4 오른쪽 그림과 같이 세 점 $A(4, 3)$, $B(1, -1)$, $C(6, 1)$을 꼭짓점으로 하는 삼각형 ABC의 넓이를 구하시오.

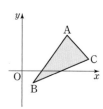

예제 **2** 다음은 두 학생이 좌표평면 위에 있는 네 점 A, B, C, D에 대하여 설명한 것이다. 이때 네 점 A, B, C, D를 꼭짓점으로 하는 사각형 ABCD의 넓이를 구하시오.

> 민영 : 점 A의 좌표는 $(-2, 3)$이고 점 D와 원점에 대하여 서로 대칭이다.
> 수민 : 점 C의 좌표는 $(-4, -1)$이고 점 B와 x축에 대하여 서로 대칭이다.

Tip (사각형 ABCD의 넓이)=(사다리꼴 EFDA의 넓이)−(삼각형 EBA의 넓이)−(삼각형 CFD의 넓이)

풀이 점 A$(-2, 3)$과 원점에 대하여 대칭인 점 D의 좌표는 $(2, -3)$
점 C$(-4, -1)$과 x축에 대하여 대칭인 점 B의 좌표는 $(\boxed{}, 1)$
오른쪽 그림에서
(사각형 ABCD의 넓이)
=(사다리꼴 EFDA의 넓이)−(삼각형 EBA의 넓이)−(삼각형 CFD의 넓이)
$= \dfrac{1}{2} \times (2+\boxed{}) \times 6 - \dfrac{1}{2} \times 2 \times 2 - \dfrac{1}{2} \times \boxed{} \times 2$
$= 24 - \boxed{} - 6$
$= \boxed{}$

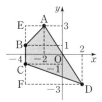

답 _____

응용 **1** 점 $(-7, a)$와 x축에 대하여 대칭인 점을 A, 점 A와 y축에 대하여 대칭인 점 B의 좌표는 $(b, 2)$이다. 이때 점 C$(a+b, 2a)$와 원점에 대하여 대칭인 점의 좌표를 구하시오.

응용 **3** 좌표평면 위의 세 점 A, B, C에 대하여 A$(3a-7, 2b+1)$와 B$(2a-3, 8-5b)$는 원점에 대하여 서로 대칭이고 점 C$(2a-c, 2b-c)$는 x축 위의 점이다. 이때 $a+b-c$의 값을 구하시오.

응용 **2** 다음과 같은 **조건**으로 만들어진 사각형 ABCD와 사각형 EFGH를 오른쪽 좌표평면 위에 그렸을 때 겹쳐지는 부분의 넓이를 구하시오.

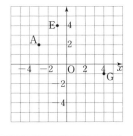

조건
㈎ 점 A$(-3, 2)$를 각각 x축, y축, 원점에 대하여 대칭이동시킨 점은 B, D, C이다.
㈏ 두 점 E$(-1, 4)$, G$(4, -1)$을 이은 선분은 정사각형 EFGH의 대각선 중 하나이다.

응용 **4** 두 점 A$(p, -q)$, B$(-5p, 3q)$와 원점을 선분으로 이어 만든 삼각형 OAB의 넓이가 2일 때, 상수 p, q에 대하여 $p^2 q^2$의 값을 구하시오. (단, 점 O는 원점이고, $pq \neq 0$)

III 좌표평면과 비례관계

그래프의 x축과 y축이 각각 무엇을 나타내는지 확인한다.

예 x가 증가함에 따른 y의 값의 변화를 나타낸 그래프가 다음과 같을 때,

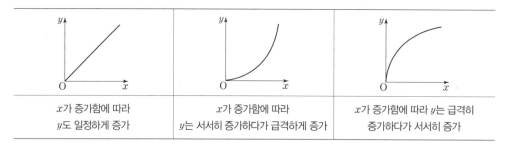

x가 증가함에 따라 y도 일정하게 증가	x가 증가함에 따라 y는 서서히 증가하다가 급격하게 증가	x가 증가함에 따라 y는 급격히 증가하다가 서서히 증가

핵심 ① 다음 상황에 가장 알맞은 그래프를 **보기** 에서 고르시오.

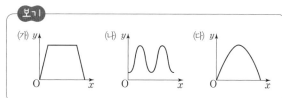

(1) 공을 위로 향해 던진 후 경과하는 시간 x초에 따른 공의 높이를 y m라고 할 때, x, y 사이의 관계를 나타낸 그래프

(2) 놀이동산에 놀러간 지혜는 대관람차를 탔다. 지혜가 대관람차를 탑승한 시간을 x분, 지면으로부터 탑승한 칸의 높이를 y m라 할 때, x, y 사이의 관계를 나타낸 그래프

(3) 제주행 비행기가 이륙하여 일정한 고도를 유지하며 비행하다가 착륙을 시도하여 안전하게 제주공항에 도착하였다. x분 후의 고도를 y km라고 할 때, x, y 사이의 관계를 나타낸 그래프

핵심 ② 들이가 **210 L**인 빈 수조통이 있다. 이 수조통에 A, B 두 호스로 동시에 물을 가득 채웠을 때와 A호스로만으로 물을 가득 채울 때를 조사하여 나타낸 그래프가 다음과 같다. 수조통에 물을 채우는 시간 x분과 받은 물의 양을 y L라 할 때, 다음 물음에 답하시오. (단, 두 호스 A, B는 각각 시간당 일정한 양의 물을 채운다.)

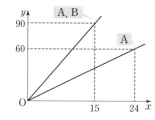

(1) A, B 호스로 동시에 수조에 물을 채울 때, 1분 동안 채울 수 있는 물의 양을 구하시오.

(2) A호스로 1분 동안 채울 수 있는 물의 양을 구하시오.

(3) B호스로만 수조에 물을 가득 채우는 데 걸리는 시간을 구하시오.

예제 3 오른쪽 그림과 같은 물통에 일정한 속력으로 일정한 양의 물을 채우려고 한다. 시간 x에 따라 변화되는 물의 높이 y 사이의 관계를 나타낸 그래프로 가장 알맞은 것은?

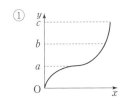

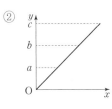

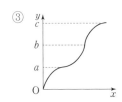

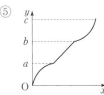

Tip ▶ 높이에 따른 밑면의 폭의 변화를 생각하여 높이가 증가하는 속도를 생각한다.

풀이 물의 높이가 0에서 ☐가 될 때까지는 밑면의 폭이 좁아지므로 시간에 따라 물의 높이는 서서히 오르다가 나중에 급격하게 증가한다.

물의 높이가 a에서 b가 될 때까지는 밑면의 폭이 ☐하므로 물의 높이도 일정하게 ☐한다.

물의 높이가 b에서 c가 될 때까지는 밑면의 폭이 점점 넓어지므로 물의 높이는 서서히 증가한다.

따라서 가장 알맞은 그래프는 ☐이다.　　　　　　　　　　　　　　**답** _____

응용 1 오른쪽 그림은 길이가 각각 **24 cm**, **18 cm**인 양초 **A**, **B**를 동시에 불을 붙이고 나서 시간 x분과 양초의 남은 길이 y **cm** 사이의 관계를 나타낸 그래프이다. 물음에 답하시오.

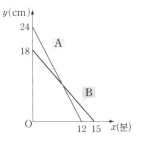

(1) 양초 A와 B에 동시에 불을 붙인 후 1분 동안 줄어든 길이는 각각 몇 cm인지 구하시오.

(2) 양초 A와 B의 타고 남은 길이가 같게 되는 것은 몇 분 후인지 구하시오.

응용 2 주현이는 자전거를 타고 집에서 직선도로를 따라 **16 km** 떨어진 공원으로 놀러갔다 다시 집으로 돌아왔다. 집에서 출발한 지 x분 지났을 때의 집으로부터 떨어진 거리를 y **km**라 할 때, x, y 사이의 관계를 나타낸 그래프에 대한 설명으로 옳지 <u>않은</u> 것을 고르시오.

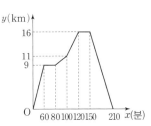

ㄱ. 공원으로 이동 중에 20분 동안 멈춰 있었다.

ㄴ. 주현이가 집에서 출발하여 60분 동안의 이동 속력은 분속 200 m이다.

ㄷ. 자전거로 이동하는 속력이 가장 빠른 구간은 공원에서 집으로 돌아올 때이다.

ㄹ. 주현이가 집으로부터 떨어진 거리가 8 km 떨어진 위치에 있는 경우는 총 2번 있었다.

01 점 $A(2, -3)$와 y축에 대하여 대칭인 점을 B, 점 B와 원점에 대하여 대칭인 점을 C라 할 때, 삼각형 ABC의 넓이를 구하시오.

02 점 $A(a, -1)$이고, 점 $(-3, 4)$와 y축에 대하여 대칭인 점을 B, 점 $(2, 4)$와 원점에 대하여 대칭인 점을 C라 할 때, 삼각형 ABC의 넓이가 $\dfrac{25}{2}$가 되는 a의 값을 구하시오. (단, $a > 0$)

03 좌표평면 위에 세 점 $A(-3, 4)$, $B(-1, -3)$, $C(3, 1)$이 있다. $\overline{AB}$, $\overline{BC}$를 이웃한 두 변으로 하는 평행사변형 ABCD가 되도록 점 D의 좌표를 구하시오.

04 오른쪽 그림과 같이 네 점 O(0, 0), A(6, 0), B(5, 4), C(2, 6)을 꼭짓점으로 하는 사각형 OABC가 있다. 점 C를 지나는 직선이 사각형 OABC의 넓이를 이등분할 때, 이 직선과 x축과의 교점의 좌표를 구하시오.

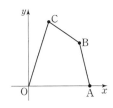

NOTE

05 오른쪽 그림에서 점 P는 직사각형 ABCD의 둘레를 움직인다. 점 P의 좌표를 (a, b)라 하자. $a-b$의 값이 최소가 될 때의 a, b에 대하여 $2a+3b$의 값을 구하시오.

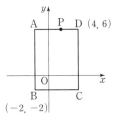

06 오른쪽 그림과 같은 좌표평면에 원점 O와 두 점 A(0, 2), B(2, 3)이 있다. 세 점 O, A, B와 임의의 점 P를 연결하여 만들어지는 모든 평행사변형의 넓이의 합을 구하시오.

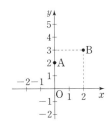

07 오른쪽 그림의 직사각형 ABCD에서 $\overline{AB}=3$, $\overline{AD}=4$이다. 점 P가 점 D를 출발하여 C, B, A의 순서로 점 A까지 움직인다. 움직인 거리를 x, $\triangle ADP$의 넓이를 y라 하고, x, y 사이의 관계를 그래프로 그렸을 때, 이 그래프와 x축으로 둘러싸인 도형의 넓이를 구하시오.

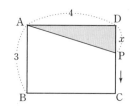

08 좌표평면의 세 점 $A(a, 3)$, $B(5, 4)$, $C(5, -3)$에 대하여 삼각형 ABC의 넓이가 28이 되도록 하는 a의 값의 총합을 구하시오.

09 좌표평면 위의 네 점 $O(0, 0)$, $P(0, 6)$, $Q(8, a)$, $R(8, 0)$에 대하여 다음 물음에 답하시오.
(단, $a \geq 0$)

(1) 사각형 OPQR의 넓이를 S라 할 때 S를 a에 관한 식으로 나타내시오.

(2) $S=40$일 때, a의 값을 구하시오.

10 좌표평면 위에 네 점 $A(-3, a)$, $B(6, -3)$, $C(-5, 4)$, $D(4, 10)$이 있다. 선분 AB를 대각선으로 하는 직사각형과 선분 CD를 대각선으로 하는 직사각형이 겹치는 부분의 넓이가 28일 때 a의 값을 구하시오. (단, 직사각형의 각 변은 좌표축과 평행하다.)

11 좌표평면의 제1사분면 위의 점 $P(x, y)$에 대하여 $P(x, y) = x + y$로 나타내기로 하자. 점 $P(x, y)$의 x좌표는 2의 배수이고 y좌표는 x좌표의 3배일 때, $P(x, y) < 200$인 점 P의 개수를 구하시오.

12 제2사분면 위의 점 $P(a, b)$와 x축에 대하여 대칭인 점을 Q, 원점에 대하여 대칭인 점을 R라 하자. 삼각형 PQR의 넓이가 50일 때, ab의 값을 구하시오.

NOTE

13 서로 다른 양의 정수 a, b에 대하여 세 점 $A(-3, a)$, $B(5, b)$, $O(0, 0)$를 꼭짓점으로 하는 삼각형 AOB의 넓이를 $ma+nb$로 나타낼 때, $m+n$의 값을 구하시오.

14 오른쪽 그림은 좌표평면 위에 점 $P(-4, 3)$을 중심으로 하고 원점을 지나면서 반지름이 5인 원을 그린 것이다. 이 원과 x축, y축이 만나는 점을 각각 $A(x, 0)$, $B(0, y)$라 할 때, $x+y$의 값을 구하시오.

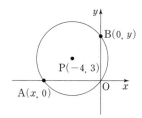

15 오른쪽 그림은 좌표평면 위에 x좌표와 y좌표가 모두 정수인 점을 나타낸 것이다. 이 좌표평면 위에 원점 O와 점 $A(0, 50)$, 점 $B(50, 0)$를 연결하여 삼각형 OAB를 만들 때, 삼각형 OAB 안에 있는 점 중 x좌표와 y좌표가 모두 정수인 점의 개수를 구하시오.

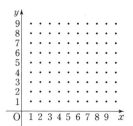

16 용량이 **90 L**인 수족관에 물을 채우려고 한다. 오른쪽 그래프는 비어 있는 수족관에 **A** 수도꼭지를 이용하여 물을 채우기 시작한 지 6분 후에 **A** 수도꼭지와 **B** 수도꼭지를 이용하여 물을 채울 때, 수족관에 있는 물의 양을 시간에 따라 나타낸 것이다. 두 수도꼭지 **A**, **B**에서 각각 일정한 속력으로 물이 나온다고 할 때, 처음부터 수도꼭지 **B**만을 이용하여 수족관에 물을 가득 채우려면 몇 분이 걸리는지 구하시오.

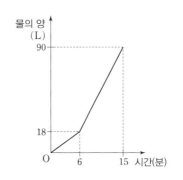

17 승우는 오전 8시 **30**분에 집을 나왔다. 어머니는 승우가 잊은 물건을 가지고 자전거로 승우를 뒤쫓아갔다. 오른쪽 그림은 승우가 출발하고 나서부터 걸린 시간과 두 사람 사이의 거리와의 관계를 나타낸 것이다. 다음 물음에 답하시오.

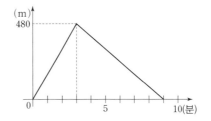

(1) 어머니가 출발한 시각을 구하시오.

(2) 승우가 걷는 속력을 구하시오.

(3) 어머니가 승우를 따라잡은 시각을 구하시오.

(4) 어머니의 자전거의 속력을 구하시오.

18 굵기와 길이가 다른 **2**개의 향이 있다. 긴 쪽은 **21 cm**이고 **14**분만에 모두 타며, 짧은 쪽은 **18**분만에 모두 탄다. 동시에 불을 붙여서 타는 상태를 그래프로 나타내면 오른쪽 그림과 같다.

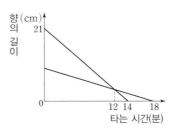

(1) 길이가 긴 향이 타기 시작해서 **12**분 후의 향의 길이를 구하시오.

(2) 길이가 짧은 향의 처음 길이를 구하시오.

01 오른쪽 그림에서 점 P가 점 A를 출발하여
A → B → C → D → A → …로 움직인다. 움직인 거리가 x
일 때의 점 P의 좌표를 $f(x)$라 할 때, $f(2000)$을 구하시오.

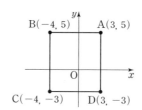

02 오른쪽 그림과 같이 좌표평면 위에 두 점 A(1, 2), B(5, 10)을 양 끝점으
로 하는 선분 AB 위의 점 P는 선분 AB를 1 : 3으로 내분한다고 할 때,
점 P의 좌표를 구하시오.

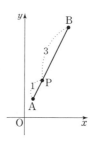

03 오른쪽 그림과 같이 x좌표, y좌표가 정수인 점을 규칙에 따라 P_1,
P_2, P_3 …라 할 때 점 P_{50}과 P_{80}의 좌표를 구하시오.

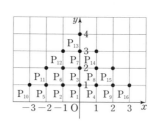

04 좌표평면 위의 두 점 $A(3, 5)$, $B(-2, 3)$와 원점에 대하여 대칭인 점을 각각 C와 D라고 할 때, 사각형 $ABCD$의 넓이를 구하시오.

NOTE

05 좌표평면 위의 네 점 $A(a, 6)$, $B(8, -2)$, $C(b, -3)$, $D(8, 4)$를 연결하여 만든 사각형 $ABCD$의 넓이가 66이 되도록 할 때, $b-a$의 값을 구하시오. (단, $a < 8 < b$)

06 좌표평면 위의 제1사분면에 있는 점 중에서 x좌표, y좌표가 모두 정수인 점에 다음 그림과 같이 순서를 매길 때, 100번째 점의 좌표 (a, b)를 구하시오.

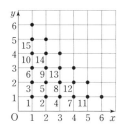

$$(1, 1) \rightarrow (2, 1) \rightarrow (1, 2) \rightarrow (3, 1) \rightarrow (2, 2) \rightarrow (1, 3) \rightarrow \cdots$$

NOTE

07 좌표평면 위의 세 점 A, B, C가 있다. 점 $A(2a-1, 3b-6)$은 x축 위에 있고,
점 $B\left(4a+3, a+b-1\right)$은 y축 위에 있고, 점 $C\left(\dfrac{2}{3}a+4b-5c, \dfrac{4a-2c+5}{6}\right)$는 어느 사분면
에도 속하지 않을 때, $a+b+c$의 최댓값을 구하시오.

08 좌표평면 위의 네 점 $A(-6, 6)$, $B(-6, 0)$, $C(2, 0)$, $D(2, 6)$을 꼭짓점으로 하는 직사각형
ABCD가 있다. 두 점 P, Q가 각각 원점 O에서 동시에 출발하여 점 P는 매초 3의 속력으로 시계
방향으로, 점 Q는 매초 4의 속력으로 시계 반대 방향으로 직사각형 ABCD의 변 위를 움직인다고
한다. 두 점 P, Q가 10번째로 점 A에서 만나는 것은 원점 O를 출발하여 몇 초 후인지 구하시오.

09 오른쪽 그림과 같이 좌표평면 위에 있는 세 점 $P(0, 14)$, $O(0, 0)$, $Q(28, 0)$으로 이루어진 삼각형 POQ의
내부에 세 점 A, B, C가 있다. 점 A는 선분 OB의 중점,
점 B는 선분 PC의 중점, 점 C는 선분 AQ의 중점일 때,
삼각형 POB의 넓이는 얼마인지 구하시오.

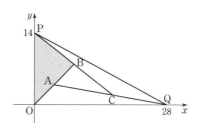

10 오른쪽 그림과 같이 좌표평면 위의 두 점 A(2, 3), B(8, 5)와 x축 위의 점 P가 있다. 이때 $\overline{AP}+\overline{BP}$의 길이가 최소가 되게 하는 점 P의 좌표를 $\left(\dfrac{b}{a}, 0\right)$이라 할 때, $a+b$의 값을 구하시오. (단, a, b는 서로소)

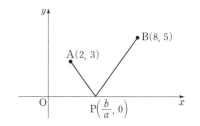

11 〈그림 1〉과 같이 도형 S의 둘레 위를 점 P는 화살표 방향으로 점 A에서 점 B까지 초속 0.5 cm로 움직인다.
〈그림 2〉의 그래프는 점 P가 점 A를 출발한 후부터의 시간을 가로의 눈금으로, 그 때의 삼각형 PAB의 넓이를 세로의 눈금으로 하여 그린 것이다. 다음 물음에 답하시오.
(단, $\overline{AB}=6\,\text{cm}$, $\overline{AH}=2\,\text{cm}$, $\overline{HG}=\overline{ED}=1\,\text{cm}$이다.)

(1) 〈그림 1〉에서 $\overline{FE}$의 길이를 구하시오.

(2) 삼각형 PAB의 넓이가 제일 커진 후부터 몇 초 후에 그 넓이의 $\dfrac{1}{3}$이 되는지 구하시오.

(3) 점 A와 점 P를 연결한 직선이 도형 S의 넓이를 이등분 하는 것은 점 P가 점 A를 출발한 지 몇 초 후인지 구하시오.

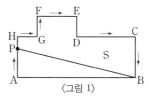

〈그림 1〉

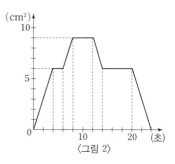

〈그림 2〉

12 예슬이는 오전 8시에 A동을 나와 B동을 향해 걷고 석기는 자전거를 타고 8시 16분에 B동을 나와 A동을 향할 예정이었다. 예정대로 두 사람이 출발하면 석기가 A동까지의 거리의 $\frac{2}{3}$만큼 갔을 때 예슬이와 마주친다. 그런데 실제로는 두 사람 모두 오전 8시에 각각 A동, B동을 출발했다. 그리고 석기는 예슬이와 만난 지 12분 후에 A동에 도착하고 예슬이는 석기와 만난 지 1시간 48분 후에 B동에 도착했다. 오른쪽 그래프가 두 사람의 진행 상황을 나타내고 있을 때 두 사람이 마주친 시각을 구하시오.

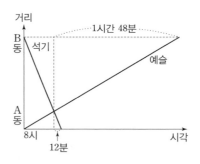

13 〈그림 1〉과 같이 직선 l 위에 정사각형과 부채꼴이 있다. 각각의 도형이 점 O를 중심으로 화살표 방향으로, 부채꼴이 움직이는 속력이 정사각형이 움직이는 속력의 2배가 되게 움직인다. 또한 〈그림 2〉의 그래프는 정사각형과 부채꼴이 겹쳐진 부분의 넓이의 크기와 시간의 관계를 나타낸 것이다. 다음 물음에 답하시오.
(단, $\overline{OA}=\overline{OB}$이고, 원주율은 3으로 계산한다.)

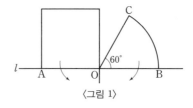

(1) 정사각형이 1초 동안에 움직이는 각도를 구하시오.

(2) 부채꼴의 둘레의 길이를 구하시오.

(3) 〈그림 2〉에서 x의 값을 구하시오.

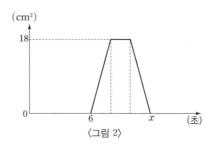

14 길이가 같은 2개의 양초 A, B가 있고 A는 6시간에 모두 탄다. 오른쪽 그래프는 A, B 2개의 양초에 동시에 불을 붙였을 때의 시간과 양초의 길이의 관계를 나타낸 것이다. 불을 붙여서 4시간 40분 후에 B의 길이가 A의 길이의 2배가 되었었고, 5시간 후에는 A의 길이가 3 cm가 되었다. 다음 물음에 답하시오.

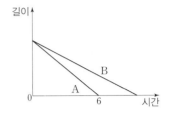

(1) 처음 양초의 길이를 구하시오.

(2) B 양초는 몇 시간 몇 분만에 모두 타는지 구하시오.

15 〈그림 1〉의 ①과 같이 직선 위에 놓여 있는 도형 ㉠, ㉡이 있다. ㉠은 정사각형, ㉡은 직사각형의 왼쪽 위를 자른 것이다. ㉠을 고정시키고 ㉡을 일정한 속력으로 왼쪽으로 진행시켜 나가면, 〈그림 1〉의 ②와 같이 ㉠과 ㉡은 겹치고, 〈그림 1〉의 ③처럼 떨어져 간다. 〈그림 2〉는 ㉠과 ㉡이 겹쳐지기 시작하면서 시간과 두 개의 도형이 겹쳐지는 부분의 넓이와의 관계를 나타낸 그래프이다. 다음 물음에 답하시오.

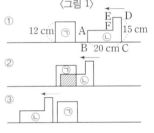
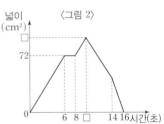

(1) 도형 ㉡의 움직이는 속력을 구하시오.

(2) 〈그림 1〉의 도형 ㉡에서 선분 AF의 길이를 구하시오.

(3) 겹쳐진 부분의 넓이가 최대로 되는 것은 겹쳐지기 시작한 뒤 몇 초 후이며, 그때의 넓이를 구하시오.

(4) 겹쳐진 부분의 넓이가 60 cm²가 되는 것은 겹쳐지기 시작한 뒤 몇 초 후인지 모두 구하시오.

2 정비례와 반비례

(1) 정비례 : 두 변수 x, y에 대하여 x의 값이 2배, 3배, 4배, …로 변함에 따라 y의 값도 2배, 3배, 4배, …로 변하는 관계가 있을 때, y는 x에 정비례한다고 한다. 이때 x와 y 사이의 관계식은 $y=ax(a\neq0)$로 나타낼 수 있다.

(2) x의 값의 범위가 수 전체일 때, 정비례 관계 $y=ax(a\neq0)$의 그래프는 원점 O를 지나는 직선이 된다.

  ① $a>0$인 경우 : 제1, 3사분면을 지나고 x의 값이 증가하면 y의 값도 증가한다.

  ② $a<0$인 경우 : 제2, 4사분면을 지나고 x의 값이 증가하면 y의 값은 감소한다.

  ③ $|a|$이 클수록 y축에 가깝다.

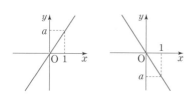

핵심 1 다음 중 y가 x에 정비례하는 것을 모두 고른 것은?

(정답 2개)

① 시계의 초침이 회전하는 데 걸리는 시간 x초와 회전하는 각의 크기는 $y°$이다.

② 키가 x cm일 때, 신발 크기는 y mm이다.

③ 5 L의 물이 담겨 있는 물통에 매분 2 L씩 물을 넣을 때, x분 후에 물통에 담겨 있는 물의 양은 y L이다.

④ 밑변의 길이와 높이가 각각 x, y인 평행사변형의 넓이는 36이다.

⑤ 농도가 x %인 소금물 500 g에 녹아 있는 소금의 양 y g이다.

핵심 3 오른쪽 그림과 같은 $y=ax(a\neq0)$의 그래프가 두 점 $(-2, 3)$, $\left(k, -\dfrac{9}{2}\right)$를 지날 때, 이 그래프에 대한 설명 중 옳지 <u>않은</u> 것을 모두 고르면? (정답 2개)

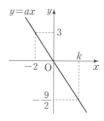

① 원점을 지난다.

② k의 값은 3이다.

③ 정비례 관계 $y=-x$의 그래프보다 x축에 더 가깝다.

④ 점$(6, -9)$를 지난다.

⑤ x의 값이 2배가 되면, y의 값은 $\dfrac{3}{2}$배가 된다.

핵심 2 다음 표는 일정한 속력으로 달리고 있는 자동차가 주행시간 x시간 동안의 주행거리 y km를 조사하여 나타낸 것이다. 상수 a의 값을 구하시오.

x(시간)	0.5	1.5	3	…	a
y(km)	32	96	192	…	704

핵심 4 두 사람의 대화를 읽고, 상수 t의 값을 구하시오. (단, 점 O는 원점이다.)

지영 : 민혁아, 이 정비례 관계 그래프 좀 봐봐. 세 점 O$(0, 0)$, A$(-4, -3)$, B$(t, 2)$가 한 직선 위에 있다는 걸 알았는데, 점 B의 x좌표는 어떻게 구할 수 있을까?

민혁 : 원점을 지나니까 이 그래프 y가 x에 정비례하는 거네. 이 그래프의 정비례 관계식을 구하면 점 B의 x좌표도 구할 수 있을 것 같은데?

예제 1 A자동차와 B자동차가 오전 7시에 동시에 출발하여 고속도로를 달리고 있다. A, B자동차의 주행 시간과 주행 거리와의 관계를 오른쪽 그래프와 같이 나타낼 수 있었다. B 자동차의 주행거리가 825 km일 때의 시각은 오후 a시 b분이고, 이때 두 자동차 A, B 사이의 거리는 c km이다. $a+b+c$의 값을 구하시오.

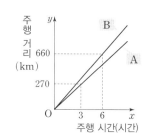

> **Tip** 먼저 두 정비례 관계의 그래프가 나타내는 x와 y 사이의 관계식을 구하고 조건을 이용하여 구하려는 값을 구한다.

> **풀이** A자동차의 속력은 $\dfrac{270}{3}=90$(km/시)이므로 그래프의 식은 $y=90x$
>
> B자동차의 속력은 $\dfrac{\boxed{}}{6}=\boxed{}$(km/시)이므로 그래프의 식은 $y=\boxed{}x$
>
> $y=110x$에 $y=825$를 대입하여 풀면 $x=\boxed{}$
>
> 따라서 B자동차의 주행거리가 825 km일 때의 시각은
>
> 오전 7시+7시간 $\boxed{}$분=오후 2시 $\boxed{}$분이다.   ∴ $a=2$, $b=\boxed{}$
>
> 동시에 출발한 지 x시간 후의 두 자동차 사이의 거리의 차는 $110x-\boxed{}x=\boxed{}x$(km)이므로
>
> $c=20\times\boxed{}=\boxed{}$이다.
>
> ∴ $a+b+c=2+30+\boxed{}=\boxed{}$ **답** _____

응용 1 오른쪽 그림에서 정비례 관계 $y=ax$의 그래프는 점$(-5,\ -3)$과 점 A를 지난다. 점 A에서 y축에 평행하도록 직선을 그었을 때, x축과 만나는 점을 B라 하자. 다음 물음에 답하시오. (단, a는 상수)

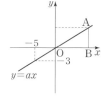

(1) 상수 a의 값을 구하시오.

(2) 점 A의 x좌표가 8일 때, 삼각형 OAB의 넓이를 구하시오.

(3) 삼각형 OAB의 넓이가 30일 때, 선분 OB의 길이를 구하시오.

응용 2 오른쪽 그림과 같이 정비례 관계 $y=ax$의 그래프가 두 정비례 관계 $y=2x$, $y=-\dfrac{7}{2}x$의 그래프 사이의 색칠한 부분에 존재할 때, 상수 a의 값이 될 수 없는 것을 모두 고르면?

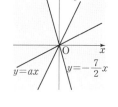

① -4 ② -3 ③ -2

④ $\dfrac{3}{2}$ ⑤ 3

응용 3 톱니 수의 비가 **11 : 6**인 두 개의 톱니바퀴 A, B가 서로 맞물려 돌고 있다. 1분 동안의 A의 회전 수를 x, B의 회전 수를 y라 할 때, x, y 사이의 관계식과 톱니바퀴 A가 **120**번 회전할 때 톱니바퀴 B의 회전 수를 차례로 구하시오.

02 반비례 관계 $y=\dfrac{a}{x}(a\neq0)$의 그래프

(1) 반비례 : 두 변수 x, y에 대하여 x의 값이 2배, 3배, 4배, …로 변함에 따라 y의 값은 $\dfrac{1}{2}$배, $\dfrac{1}{3}$배, $\dfrac{1}{4}$배, …로 변하는 관계가 있을 때, y는 x에 반비례한다고 한다. 이때 x와 y 사이의 관계식은 $y=\dfrac{a}{x}(a\neq0)$로 나타낼 수 있다.

(2) 반비례 관계 $y=\dfrac{a}{x}(a\neq0)$의 그래프 : x의 값의 범위가 0이 아닌 수 전체일 때, 반비례 관계 $y=\dfrac{a}{x}(a\neq0)$의 그래프는 좌표축에 점점 가까워지면서 한 없이 뻗어나가는 한 쌍의 매끄러운 곡선이다.

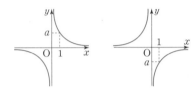

① $a>0$인 경우 : 제1, 3사분면을 지나고 x의 값이 증가하면 y의 값은 감소한다.

② $a<0$인 경우 : 제2, 4사분면을 지나고 x의 값이 증가하면 y의 값도 증가한다.

③ $|a|$이 작을수록 원점에 가깝다.

핵심 ① 다음 **보기** 중 x의 값이 2배, 3배, 4배, …로 변함에 따라 y의 값은 $\dfrac{1}{2}$배, $\dfrac{1}{3}$배, $\dfrac{1}{4}$배 …로 변하는 관계가 있는 것을 모두 고르시오.

> **보기**
>
> ㄱ. 한 변의 길이가 x cm인 정오각형의 둘레의 길이 y cm
>
> ㄴ. 5명이 10일 동안 하면 완성할 수 있는 일을 x명이 완성하는 데 걸린 기간 y일
>
> ㄷ. 한 개에 1000원인 오렌지 x개를 살 때의 값 y원
>
> ㄹ. 2500자를 입력해야 하는 문서가 있다. 1분당 x자를 입력한다면 2500자를 모두 입력하는 데 걸리는 시간 y분
>
> ㅁ. 200 L의 수조에 가득찬 물을 10 L씩 x번 퍼냈을 때, 남은 물의 양 y L

핵심 ② 온도가 일정할 때, 기체의 부피는 압력에 반비례한다. 압력이 6기압일 때, 부피가 $8\,\mathrm{cm^3}$인 기체가 있다. 압력이 4기압일 때, 이 기체의 부피를 구하시오.

핵심 ③ 오른쪽 그림과 같이 두 점 $(-3,\,4)$, $\left(-2,\,\dfrac{1}{3}b\right)$가 반비례 관계 $y=\dfrac{6a}{x}$의 그래프 위에 있을 때, $a+b$의 값을 구하시오. (단, a, b는 상수)

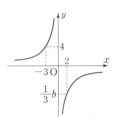

핵심 ④ 오른쪽 그림과 같은 세 반비례 관계 $y=\dfrac{a}{x}$, $y=\dfrac{b}{x}$, $y=\dfrac{c}{x}$의 그래프에서 상수 a, b, c의 대소 관계를 부등호를 사용하여 나타내시오.

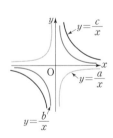

▶ 정답 및 풀이 **49**쪽

예제 ② 오른쪽 그림은 $x>0$일 때의 정비례 관계 $y=ax$의 그래프와 반비례 관계 $y=\dfrac{b}{x}$의 그래프이다. a와 b의 비를 가장 간단한 자연수의 비로 나타내시오.

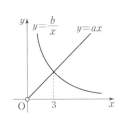

> **Tip** 정비례 관계 $y=ax(a\neq0)$와 반비례 관계 $y=\dfrac{b}{x}(b\neq0)$의 그래프가 점 (p,q)에서 만난다면 $x=p,\ y=q$를 각각 대입하여 $a,\ b$의 값을 구한다.

> **풀이** 교점의 좌표를 $(3,\ c)$라 하면
> $y=ax$에서 $c=\boxed{}$
> $y=\dfrac{b}{x}$에서 $c=\dfrac{b}{3}$이므로 $\boxed{}=\dfrac{b}{3}$, $b=\boxed{}a$
> $\therefore a:b=a:\boxed{}=1:\boxed{}$

답 _____

응용 ① 오른쪽 그림과 같이 반비례 관계 $y=\dfrac{6}{x}\,(x>0)$의 그래프 위의 점 P에서 x축, y축에 내린 수선의 발을 각각 A, B라 할 때, OAPB의 넓이를 구하시오.

응용 ③ 기계 40대를 24시간 가동시켜야 끝나는 일이 있다. 이 일을 기계 x대를 y시간 가동시켜 끝내려고 할 때, 30시간 만에 일을 끝내기 위해서는 기계를 몇 대 가동시켜야 하는지 구하시오. (단, 기계의 작업 속도는 모두 일정하다.)

응용 ② 반비례 관계 $y=\dfrac{a}{x}$와 정비례 관계 $y=bx$의 그래프가 오른쪽 그림과 같이 두 점 A, B에서 만날 때, 물음에 답하시오. (단, a, b는 0이 아닌 상수)

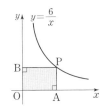

(1) a, b의 값을 각각 구하시오.

(2) 점 A의 좌표를 구하시오.

응용 ④ 오른쪽 그래프는 시속 y km로 이동하는 태풍이 발생한 지점에서 우리나라까지 오는 데 x시간이 걸린다고 할 때, x와 y 사이의 관계를 나타낸 것이다. 태풍이 발생한 지점에서 우리나라까지 오는 데 걸린 시간이 25시간일 때, 태풍이 한 시간 동안 이동한 거리를 구하시오.

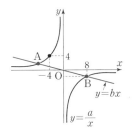

01 오른쪽 그림에서 정비례 관계 $y=ax$의 그래프는 점 P를 지나는 직선이다. 점 A, B, C, D의 좌표는 각각 $(3,0)$, $(6,0)$, $(0,4)$, $(0,2)$이고, $\triangle PAB$와 $\triangle PCD$의 넓이가 같을 때, 상수 a의 값을 구하시오.

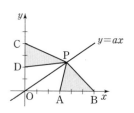

02 좌표평면 위의 세 점 $A(5,0)$, $B(7,3)$, $C(0,3)$과 원점 O가 이루는 사다리꼴 OABC의 넓이를 정비례 관계 $y=ax$의 그래프가 이등분할 때, 상수 a의 값을 구하시오.

03 오른쪽 그림은 반비례 관계를 나타낸 그래프이다. 점 $P\left(\dfrac{3}{2},6\right)$이 그래프 위에 있을 때, 이 그래프 위의 점 중에서 x좌표, y좌표가 모두 정수인 점은 몇 개인지 구하시오.

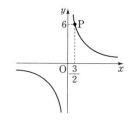

04 오른쪽 그림은 반비례 관계 $y=\dfrac{12}{x}$ ($x>0$)의 그래프이다. 점 B의 x 좌표가 3이고, $\overline{AB}=\overline{BC}$일 때, 점 A와 점 C의 좌표를 구하시오.

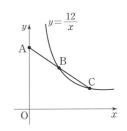

05 다음 그림과 같은 A 기계에 x를 넣어서 나오는 수 y는 $y=2ax$를 만족시키고, B 기계에 x를 넣어서 나오는 수 y는 $y=\dfrac{3b}{x}$를 만족시킨다. A 기계에 6을 넣어서 나오는 수를 B 기계에 넣었더니 -4가 나왔다. 이때 A 기계에 -12를 넣어서 나오는 수를 B 기계에 넣었을 때, 나오는 수를 구하시오. (단, a, b는 상수)

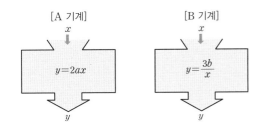

06 오른쪽 그림과 같이 반비례 관계 $y=\dfrac{a}{x}$의 그래프에서 점 A와 점 B 는 그래프 위의 점이고, 각각의 x좌표는 4와 5, y좌표의 차는 $\dfrac{1}{2}$이 다. 이때 상수 a의 값과 점 A의 좌표를 구하시오.

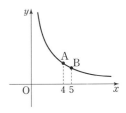

07 오른쪽 그림과 같이 반비례 관계 $y=\dfrac{1}{x}$의 그래프 위에 두 점 A, B가 있고, 점 A의 x좌표는 a이다. 선분 AB는 원점 O를 지나고, $\overline{BC}$, $\overline{CA}$는 각각 x축, y축에 평행이라 할 때, 삼각형 ABC의 넓이를 구하시오.

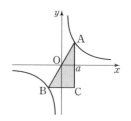

08 오른쪽 그림과 같이 정비례 관계 $y=-\dfrac{5}{3}x$의 그래프 위의 x좌표가 $-\dfrac{12}{5}$인 점 A와 정비례 관계 $y=kx$의 그래프 위의 점 B를 이은 선분 AB가 x축과 평행할 때, 선분 AB와 y축이 만나는 점을 C라 하자. 선분 BC의 길이가 선분 AC의 길이의 $\dfrac{5}{2}$배일 때, 상수 k의 값을 구하시오.

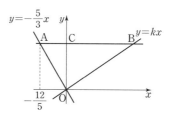

09 오른쪽 그림과 같이 반비례 관계 $y=\dfrac{a}{x}$의 그래프가 점 A$(-3, 4)$를 지날 때, 선분 OA를 화살표 방향으로 $90°$ 회전시킨 점 B의 좌표를 구하시오.

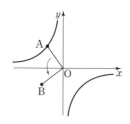

10 오른쪽 그림과 같이 점 $A_k(k, 0)$을 지나면서 y축에 평행한 직선이 반비례 관계 $y = \dfrac{8}{x}(x > 0)$의 그래프와 만나는 점을 B_k를 지나면서 x축에 평행한 직선이 y축과 만나는 점을 C_k라고 하자. 직사각형 $OA_kB_kC_k$의 넓이를 S_k라고 할 때, $S_1 + S_2 + S_3 + \cdots + S_{30}$의 값을 구하시오. (단, O는 원점)

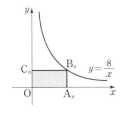

11 오른쪽 그림에서 반비례 관계 $y = \dfrac{8}{x}(2 \le x \le 4)$의 그래프와 원점을 지나는 정비례 관계 $y = kx$의 그래프가 만나기 위한 상수 k의 값의 범위를 구하면 $a \le k \le b$이다. 이때, $a + b$의 값을 구하시오.

(단, a, b는 상수)

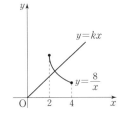

12 학교에서 $1.5\,\mathrm{km}$ 떨어진 서점까지 민지는 걸어가고, 승준이는 뛰어가기로 했다. 오른쪽 그래프는 두 사람이 동시에 학교에서 출발한 후의 이동 시간 x와 이동 거리 y 사이의 관계를 나타낸 것이다. 승준이가 서점에 도착한 후 몇 분을 기다려야 민지가 도착하는지 구하시오.

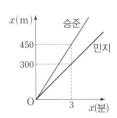

13 넓이가 $16\,\mathrm{m}^2$인 직사각형 모양의 벽에 페인트를 칠하는 데 드는 비용은 12만 원이고, 페인트를 칠하는 비용은 벽의 넓이에 정비례한다고 한다. 24만 원의 비용으로 페인트를 칠할 수 있는 벽의 넓이는 $a\,\mathrm{m}^2$이고, 이때 벽은 가로, 세로의 길이가 각각 $x\,\mathrm{m}$, $y\,\mathrm{m}$인 직사각형 모양이다. 이때 y를 x에 대한 식으로 나타내시오.

14 오른쪽 그림에서 정사각형 ABCD의 꼭짓점 A의 좌표는 $(2, 8)$, 꼭짓점 B, C는 x축 위의 점이다. 점 E는 변 CD 위의 점이고, 직선 OE가 사다리꼴 AOCD의 넓이를 이등분한다. 점 E의 좌표를 (m, n)이라 할 때, $m+5n$의 값을 구하시오.

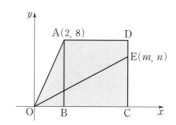

15 오른쪽 그림과 같이 반비례 관계 $y=-\dfrac{8}{x}$의 그래프 위의 두 점 A, C에서 x축에 수직인 직선을 그어 x축과 만나는 점을 각각 B, D라 하면 $B(-k, 0)$, $D(k, 0)$이다. 이때 사각형 ABCD의 넓이를 구하시오. (단, $k>0$)

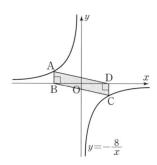

16 오른쪽 그림과 같이 두 정비례 관계 $y=\dfrac{3}{5}x$, $y=ax$의 그래프 위의 두 점 A, B를 이은 $\overline{AB}$가 y축과 수직으로 만날 때 y축과 만나는 점을 P라 하자. $\overline{AP}:\overline{BP}=2:5$일 때, 상수 a의 값을 구하시오.

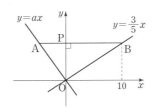

NOTE

17 오른쪽 그림과 같이 점 $A_n(n, 0)$을 지나고 y축에 평행한 직선이 반비례 관계 $y=\dfrac{a}{x}(x>0)$의 그래프와 만나는 점을 B_n이라 하고, 점 B_n을 지나고 x축에 평행한 직선이 y축과 만나는 점을 C_n이라고 하자. 사각형 $OA_nB_nC_n$의 넓이를 S_n이라 할 때 $S_1+S_2+\cdots+S_{10}$의 값을 구하시오. (단, n은 자연수)

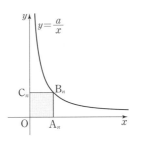

18 오른쪽 그림에서 두 점 A, C는 반비례 관계 $y=\dfrac{14}{x}$의 그래프 위의 점이고, 두 점 B, D는 반비례 관계 $y=-\dfrac{8}{x}$의 그래프 위의 점이다. $\overline{AB}$는 x축에 평행하고, $\overline{BC}$와 $\overline{AD}$는 y축에 평행하다. 이때, 색칠한 도형의 넓이를 구하시오.

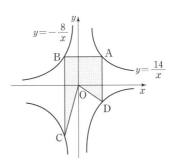

01 정비례 관계 $y=3x\,(x\geq0)$와 반비례 관계 $y=\dfrac{12}{x}\,(x>0)$의 그래프에서 점 P는 원점 O에서 직선을 따라 점 A까지 움직인 후 곡선을 따라 화살표 방향으로 움직인다. 점 P에서 x축에 내린 수선의 발을 Q라 하고, $\triangle$POQ의 넓이를 S라 하자. 점 Q의 x좌표 t가 $0\leq t\leq2$일 때와 $t>2$일 때의 넓이 S를 각각 구하시오.

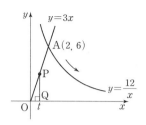

02 오른쪽 그림에서 네 점 $O(0,0)$, $A(1,0)$, $B(1,1)$, $C(0,1)$을 네 꼭짓점으로 하는 정사각형이 있다. 점 P는 점 O를 출발하여 처음에는 정비례 관계 $y=ax$의 그래프 위를 움직이다가 정사각형의 각 변에 반사되어 이동을 계속한다. 점 P가 그림과 같이 이동하여 점 C에 도달했을 때, 상수 a의 값을 구하시오. (단, 입사각과 반사각은 같다.)

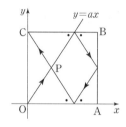

03 오른쪽 그림과 같이 두 직선이 있다. 직선 l 위에 임의의 한 점 A를 잡고, 점 A에서 x축의 양의 방향으로 2만큼 평행이동한 점을 D라 하자. 점 D를 지나 y축에 평행한 직선이 직선 m과 만나는 점을 C라 하고, 선분 AD, CD를 두 변으로 하는 직사각형 ABCD를 만들 때, 직사각형 ABCD의 둘레가 11이 되는 점 A의 좌표를 구하시오.

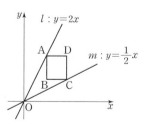

04 정비례 관계 $y=\dfrac{3}{2}x$와 $y=\dfrac{1}{2}x$의 그래프 사이에 위치한 제1사분면의 점 P에서 x축, y축에 각각 평행한 선분을 그어 그래프들과 만나는 점을 오른쪽 그림과 같이 A, B, C, D라 하자. 이때, $\dfrac{\overline{AP}\cdot\overline{BP}}{\overline{CP}\cdot\overline{DP}}$ 의 값을 구하시오.

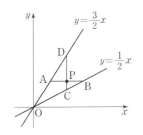

05 오른쪽 그림과 같은 직사각형 ABCD가 정비례 관계 $y=ax$의 그래프에 의하여 두 개의 사다리꼴로 나누어진다. 두 사다리꼴의 넓이가 같을 때, 상수 a의 값을 구하시오. (단, 직사각형 ABCD의 각 변은 x축 또는 y축에 평행하다.)

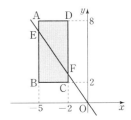

06 $y=\dfrac{12}{x}$의 그래프와 x축, y축으로 둘러싸인 부분에서 x좌표와 y좌표가 모두 정수인 점의 개수를 구하시오. (단, 경계는 포함하지 않는다.)

NOTE

07 오른쪽 그림은 정비례 관계 $y=4x\,(x\geq0)$의 그래프와 정비례 관계 $y=-2x\,(x\geq0)$의 그래프이다. $\triangle\mathrm{AOB}$의 넓이가 27일 때, 점 A와 점 B의 좌표를 구하시오.

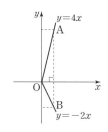

08 오른쪽 그림은 반비례 관계 $y=\dfrac{a}{x}$의 그래프이다. $x>0$일 때는 두 점 $\mathrm{A}(2,\,4)$, $\mathrm{B}(b,\,1)$을 지나고, $x<0$일 때는 두 점 $\mathrm{C}(-10,\,c)$, $\mathrm{D}(d,\,-4)$를 지난다. 이때, $\overline{\mathrm{AB}}$와 $\overline{\mathrm{CD}}$를 동시에 지나는 직선의 그래프 식을 $y=kx$라 할 때, 상수 k의 최댓값과 최솟값을 구하시오.

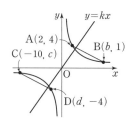

09 오른쪽 그림과 같이 정비례 관계 $y=ax\,(a>0)$의 그래프와 두 반비례 관계 $y=\dfrac{6}{x}$, $y=\dfrac{b}{x}\,(x>0)$의 그래프가 제1사분면 위의 두 점 $\mathrm{A}(x_1,\,y_1)$, $\mathrm{B}(x_2,\,y_2)$에서 만난다. $x_1:x_2=3:4$일 때, 상수 b의 값을 구하시오.

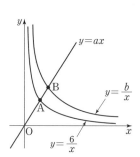

10 오른쪽 그림에서 두 직선 m, n은 각각 정비례 관계 $y=2ax$와 $y=bx$의 그래프이고, 직선 l은 y축과 평행하다. 점 P의 좌표가 $(6, 0)$, $\triangle OQR$의 넓이가 36이고, $\overline{RQ} : \overline{QP} = 3 : 2$일 때, a, b의 값을 각각 구하시오.

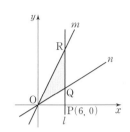

11 오른쪽 그림과 같이 두 정비례 관계 $y=\dfrac{1}{3}x\,(x\geq 0)$, $y=\dfrac{5}{3}x\,(x\geq 0)$의 그래프가 있다. x축의 양의 부분을 움직이는 점을 P라 하고, 점 P를 지나 y축에 평행한 직선을 긋고, 두 그래프와의 교점을 각각 Q, R라 하자. 점 Q의 y좌표가 a일 때, $\triangle OQR$의 넓이를 a에 관한 식으로 나타내시오.

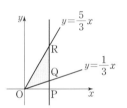

12 좌표평면에 네 점 $A(2, 0)$, $B(5, 0)$, $C(5, 4)$, $D(2, 4)$가 있다. 정비례 관계 $y=ax$, $y=bx$의 두 그래프가 직사각형 $ABCD$의 넓이를 삼등분할 때, $a+b$의 값을 구하시오.

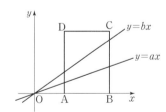

13 좌표평면 위의 제1사분면을 오른쪽 그림과 같이 한 변의 길이가 1인 정사각형으로 나누어 자연수를 나열하였다. 이때 정비례 관계 $y=2x$의 그래프가 지나가는 정사각형에 적혀 있는 수들의 합을 구하시오. (단, $0<x<12$)

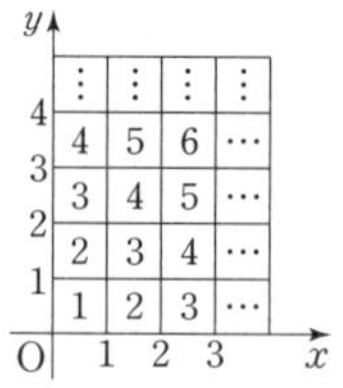

14 양수 n에 대하여 세 점 $A(5n, 0)$, $B(5n, 4n)$, $C(3n, 4n)$이 좌표평면 위에 있다. 상수 a에 대하여 정비례 관계 $y=ax$의 그래프가 사다리꼴 OABC의 넓이를 항상 이등분할 때, 상수 a의 값을 구하시오. (단, O는 원점)

15 반비례 관계 $y=\dfrac{k}{x}$(k는 150 이하의 자연수)의 그래프 위에 있는 점 (x, y) 중에서 x와 y가 모두 자연수인 점이 8개가 되도록 k의 값을 정하려고 한다. k의 값이 될 수 있는 수는 모두 몇 개인지 구하시오.

16 오른쪽 그림은 $y=\dfrac{15ab}{x}$, $y=ax$, $y=bx$의 그래프를 나타낸 것이다. 점 P의 y좌표와 점 Q의 x좌표가 각각 5일 때, 삼각형 POQ의 넓이를 구하시오. (단, $x>0$, a, b는 상수)

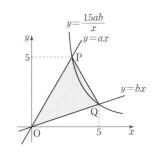

17 오른쪽 그림에서 점 A는 정비례 관계 $y=2x$의 그래프 위의 점이고 점 B의 좌표는 $(12, 12)$이다. 색칠한 사각형 AOCB의 넓이가 93이면 점 A의 좌표는 (a, b)이다. 이때, $10a+b$의 값을 얼마인지 구하시오.

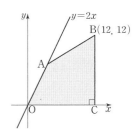

18 오른쪽 그림과 같이 정비례 관계 $y=-\dfrac{8}{3}x$의 그래프와 반비례 관계 $y=\dfrac{k}{x}$의 그래프는 점 S에서 만나고, 점 S의 y좌표는 -8이다. $Q(-7, 0)$, $R(0, 7)$이고, 점 P는 반비례 관계 $y=\dfrac{k}{x}$ 위의 점이면서 y좌표가 6일 때, 사각형 PQOR의 넓이를 구하시오. (단, k는 상수)

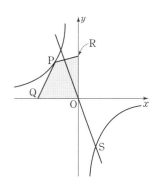

01 원점과 점 $(6, -3)$을 지나는 정비례 관계의 그래프가 두 점 $(a, -4)$, $\left(-\dfrac{7}{2}, b\right)$를 지난다. 이때 점 (a, b)를 지나는 반비례 관계 $y = \dfrac{c}{x}$의 그래프 위의 점 중에서 x좌표와 y 좌표가 모두 정수인 점의 개수를 구하시오. (단, c는 상수)

02 오른쪽 그림과 같은 그래프가 그려져 있는 좌표평면 위에 정비례 관계 $y = ax\,(x \geq 0)$의 그래프를 그렸더니 교점의 개수가 8개였다. 이때 a값의 범위를 $A < a < B$라 할 때, $A + B$의 값을 구하시오. (단, A, B는 모두 기약분수이다.)

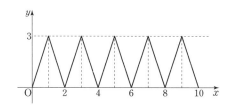

03 반비례 관계 $y = \dfrac{a}{x}$의 그래프가 점 $\left(\dfrac{5}{2}, -2\right)$를 지날 때, 이 그래프 위의 점 중에서 x좌표와 y좌표가 모두 정수인 점들을 연결하여 만든 사각형의 넓이를 구하시오. (단, a는 상수)

04 오른쪽 그림과 같이 직사각형 **ABCD**의 변 **BC**는 x축 위에 있고, 꼭짓점 **A**와 두 대각선의 교점 **E**는 반비례 관계 $y=\dfrac{5}{x}$ $(x>0)$의 그래프 위에 있다. 점 **E**의 x좌표가 5이고, 변 **CD**와 반비례 관계 $y=\dfrac{5}{x}$ $(x>0)$의 그래프와의 교점의 좌표가 **F**$(a,\ b)$일 때, $6(a+b)$의 값을 구하시오.

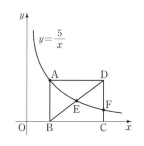

NOTE

05 오른쪽 그림에서 y축에 평행한 직선 l이 x축과 만나는 점의 x좌표는 자연수이다. 직선 l과 두 정비례 관계 $y=ax$ $(a>0)$, $y=bx$ $(b<0)$의 그래프가 만나는 점을 각각 **A**, **B**라고 하자. 삼각형 **AOB**의 넓이가 56일 때, $a-b$의 값의 최댓값과 최솟값의 합을 구하시오. (단, $a-b \geq 5$이다.)

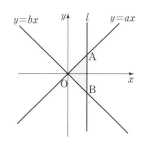

06 오른쪽 그림에서 점 **A**의 좌표는 $(-1, 6)$, 점 **B**의 좌표는 $(-3, 2)$, 점 **C**는 x축 위의 점, 점 **D**는 y축 위의 점이다. $\overline{AD}+\overline{CD}+\overline{BC}$의 길이가 최소가 될 때, 정비례 관계 $y=ax$ (a는 상수)의 그래프가 $\overline{AB}$의 중점을 지나고 평행사변형 **ABCD**의 넓이를 이등분한다. 이때 상수 a의 값을 구하시오.

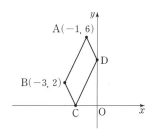

07 오른쪽 그림과 같이 반비례 관계 $y=\dfrac{4}{x}\,(x>0)$의 그래프 위에 점 $P_1,\ P_2,\ P_3,\ P_4,\ P_5$가 차례로 놓여 있다. 점 Q_n은 점 P_n에서 x축에 내린 수선의 발이고, $n\geq2$인 경우 삼각형 $P_nQ_{n-1}Q_n$의 넓이가 $\dfrac{1}{n}$ 이라고 한다. Q_n의 x좌표를 x_n이라고 할 때, $10\times\dfrac{x_4}{x_5}$의 값을 구하시오.

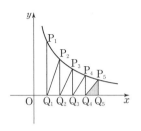

08 오른쪽 그림에서 점 $A(p,\ 10)$은 정비례 관계 $y=kx$의 그래프 위의 점 $B(10,\ 10k)$를 원점을 중심으로 하여 시계 반대 방향으로 $45°$ 회전시켜 얻은 점이다. $\overline{AB}=ak$일 때, 상수 a 의 값은 얼마인지 구하시오.

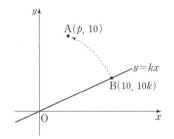

09 오른쪽 그림과 같이 직선 $x=1$과 두 정비례 관계 $y=x$, $y=\dfrac{3}{2}x$의 그래프가 만나는 점을 각각 $P_1,\ Q_1$이라 하고, 점 Q_1 에서 x축에 평행한 직선을 그어 정비례 관계 $y=x$의 그래프와 만나는 점을 P_2, 점 P_2에서 y축에 평행한 직선을 그어 정비례 관계 $y=\dfrac{3}{2}x$의 그래프와 만나는 점을 Q_2라고 하자. 이와 같은 방법으로 $P_n,\ Q_n\,(n=3,\ 4,\ 5,\ \cdots)$을 정할 때, 다음 식을 만족하는 자연수 n의 값을 구하시오.

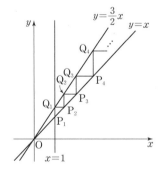

$$\overline{P_1Q_1}+\overline{Q_1P_2}+\overline{P_2Q_2}+\overline{Q_2P_3}+\cdots+\overline{P_nQ_n}+\overline{Q_nP_{n+1}}=32\frac{11}{64}$$

종학수학

절대강자

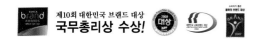
중학수학
절대강자

정답 및 해설

특목에 강하다! **경시**에 강하다!

최상위

1·1

(주)에듀왕
www.왕수학.com

중학수학

절대강자

중학수학
절대강자

특목에 강하다! **경시**에 강하다!
최상위

정답 및 해설

1·1

I. 수와 연산

1 자연수의 성질

핵심문제 01
6쪽

1 9   **2** 7, 35   **3** 몫 : $2b+4$, 나머지 : 3

4 65, 66, 68

1 어떤 수를 x라 하면, $59=6x+5$, $6x=54$
$\therefore x=9$

2 $41-6=35$이므로 A가 될 수 있는 수는 35의 약수 중 6보다 큰 수이다.
따라서 A의 값을 모두 구하면 7, 35이다.

3 a를 b로 나누었을 때 몫이 22이고 나머지가 47이었으므로
$a=b\times 22+47=22b+47$
a를 11로 나누면 $a=11\times$(몫)$+$(나머지)($0\leq$(나머지)<11)
이므로
$22b+47=11\times 2b+11\times 4+3=11\times(2b+4)+3$
$\therefore$ 몫 : $2b+4$, 나머지 : 3

4 나머지를 r라 하면, $a=7\times 9+r(0\leq r<7)$이고,
r는 약수의 개수가 2개이므로
$r=2, 3, 5$
$a=7\times 9+2=65$, $a=7\times 9+3=66$, $a=7\times 9+5=68$
$\therefore a=65, 66, 68$

응용문제 01
7쪽

예제 ① 9, 9, 3, 2, 3, 3, 2/2

1 3   **2** $a=19$, $b=26$ **3** 103

4 28   **5** $x=3$, $y=8$

1 a를 5로 나누었을 때의 몫을 b라 하면 $a=5b+4$이므로
$a+9=5b+4+9=5b+13=5b+5\times 2+3=5(b+2)+3$
따라서 나머지는 3이다.

2 $b=a+7$, $3a=2b+5$이므로
$3a=2(a+7)+5$, $3a=2a+19$
$\therefore a=19$, $b=19+7=26$

3 구하는 수를 x, 12로 나누었을 때의 나머지를 r,

10으로 나누었을 때의 몫을 Q라 하면,
$x=12\times 8+r=10Q+3$
$93+r=10Q$, $0\leq r<12$이므로
$r=7$이고, $x=12\times 8+7=103$이다.

4 $6ab9$를 236으로 나누어 1이 남으므로 $6ab8$은 236의 배수이다.
몫을 x라 하면 $6ab8=236\times x$
일의 자리의 수만 보면 $6\times 3=18$, $6\times 8=48$이므로
x의 일의 자리는 3 또는 8
또, $6000<236x<7000$이므로 $25.4\cdots<x<29.6\cdots$
$\therefore x=28$

5 $100\times x+10\times y=5\times(12\times x+5\times y)$에서
$100\times x+10\times y=60\times x+25\times y$
$100\times x-60\times x=25\times y-10\times y$,
$40\times x=15\times y$, $8\times x=3\times y$
x는 3의 배수, y는 8의 배수, $0\leq y<9$인 자연수이므로 $y=8$
이다. $\therefore x=3$, $y=8$

핵심문제 02
8쪽

1 1998   **2** 167개   **3** 57개   **4** 1

1 $6\times 333=1998$이고 $6\times 334=2004$이므로 2000에 가장 가까운 6의 배수는 1998이다.

2 1000까지의 자연수 중에서 4의 배수이면서 3의 배수가 아닌 자연수는 4의 배수의 개수에서 4와 3의 공배수의 개수를 빼어 구할 수 있다.
$1000\div 4=250$에서 4의 배수는 250개이고 4와 3의 공배수는 최소공배수 12의 배수이므로 $1000\div 12=83\cdots 4$에서 83개이다.
따라서 $250-83=167$(개)이다.

3 $21=3\times 7$이므로 21과 서로소인 수는 3의 배수도 7의 배수도 아닌 수이다.
1부터 100까지의 자연수 중 3의 배수는 33개, 7의 배수는 14개, 21의 배수는 4개이므로 21과 서로소인 수의 개수는
$100-(33+14-4)=57$(개)이다.

4 $5+4+\square+8=17+\square$가 3의 배수가 되려면 $\square$ 안의 수는 1, 4, 7이 되어야 하고, 이 중 가장 작은 수는 1이다.

응용문제 02

예제 ② $10b+a$, 11, 11/11

1 12개　　**2** 6, 0　　**3** 66　　**4** 9

1 각 자리의 숫자의 합이 3의 배수가 되는 수이므로
(ⅰ) 각 자리의 숫자의 합이 6인 경우 : 123, 132, 213, 231, 312, 321
(ⅱ) 각 자리의 숫자의 합이 9인 경우 : 234, 243, 324, 342, 423, 432
따라서 만들 수 있는 3의 배수는 12개이다.

2 $1a2b$에서 2의 배수와 5의 배수가 되려면 $b=0$
9의 배수는 각 자리의 숫자의 합이 9의 배수이므로
$1+a+2+0=9$에서 $a=6$

3 3과 4의 배수이면서 5의 배수가 아닌 자연수를 m이라 하면
m은 12의 배수이면서 동시에 60의 배수는 아니다.
1000과 2000 사이의 12의 배수의 개수는 83개, 60의 배수의 개수는 17개이다.
$\therefore n(1000\textcircled{0}2000)=83-17=66$

4 $4b8$이 9의 배수이므로 $4+b+8=b+12$가 9의 배수이어야 한다.
$\therefore b=6 (\because b$는 한 자리의 자연수$)$
이때 $127+a41=468$이므로
$a41=468-127=341$　　$\therefore a=3$
$\therefore a+b=3+6=9$

핵심문제 03

1 21　　**2** 60　　**3** 82　　**4** $a=12$, $b=4$

1 $525=3\times5^2\times7$
소인수분해 했을 때, 소인수의 차수가 짝수이어야 하므로
$3\times7=21$을 곱해 준다.

2 $24a=90b=c^2$
$2^3\times3a=3^2\times2\times5b=c^2$
$2^3\times3\times(2\times3\times5^2)=3^2\times2\times5\times(2^3\times5)=(2^2\times3\times5)^2$
$\therefore c=2^2\times3\times5=60$

3 $40=2^3\times5$에서 약수의 개수 a는
$a=(3+1)\times(1+1)=8$

약수의 총합 b는
$b=(1+2+2^2+2^3)\times(1+5)=15\times6=90$
$\therefore b-a=90-8=82$

4 $24=2^3\times3$이므로 모든 약수를 구하면

$\times$	1	2	2^2	2^3
1	1	2	2^2	2^3
3	3	2×3	$2^2\times3$	$2^3\times3$

모든 약수의 곱
$1\times2\times2^2\times2^3\times3\times(2\times3)\times(2^2\times3)\times(2^3\times3)=2^{12}\times3^4$
$\therefore a=12$, $b=4$

응용문제 03

예제 ③ 4, 4, 5, 25/25

1 14　　**2** 14개　　**3** 24　　**4** ㄱ, ㄷ

5 16개

1 2의 배수가 5개이고, 2^2의 배수가 2개, 2^3의 배수가 1개이므로 $x=8$
3의 배수가 3개이고, 3^2의 배수가 1개이므로 $y=4$
5의 배수가 2개이므로 $z=2$
$\therefore x+y+z=14$

2 자연수 N의 약수의 개수가 홀수이기 위해서는 소인수분해하였을 때 모든 지수가 짝수이어야 한다. 즉 N이 완전제곱수이다.
200보다 작은 완전제곱수는 $1^2, 2^2, 3^2, 4^2, 5^2, \cdots, 14^2=196$으로 14개이다.

3 약수의 개수가 8개이므로 N의 소인수분해는
$N=a^7$ 또는 $N=a\times b^3$ 또는 $N=a\times b\times c$의 꼴이어야 한다.
$N=a^7$인 경우, N은 $2^7, 3^7, 5^7, 7^7, \cdots$이 될 수 있다.
$N=a\times b^3$인 경우, N은 $3\times2^3, 5\times2^3, 2\times3^3, \cdots$이 될 수 있다.
$N=a\times b\times c$인 경우, N은 $2\times3\times5, 2\times3\times7, 2\times3\times11, \cdots$이 될 수 있다.
이 중 가장 작은 수는 $3\times2^3=24$이다.

4 ㄱ. 1은 소수도 합성수도 아니다.
ㄴ. 서로 다른 두 소수 p, q의 곱 $p\times q$의 약수는 1, p, q, $p\times q$로 4개 뿐이다.
ㄷ. p가 소수이므로 p^2의 약수는 1, p, p^2으로 3개이다.

5 11보다 작은 소수를 가지므로 2, 3, 5, 7 중 3개의 소수를 이용하여 합이 14인 식을 만들면

$14 = 2 + 2 + 2 + 3 + 5 = 2 + 2 + 3 + 7 = 2 + 5 + 7$

따라서 m은 $2^3 \times 3 \times 5 = 120$, $2^2 \times 3 \times 7 = 84$, $2 \times 5 \times 7 = 70$

따라서 120의 약수의 개수를 구하면

$(3+1) \times (1+1) \times (1+1) = 16(개)$

핵심 문제 04   12쪽

1 24, 48, 96   **2** 98   **3** 12 cm   **4** 8명

1 (가) $36 = 12 \times 3$

$x = 12m$ (m과 3은 서로소)에서 12, 24, 48, 60, 84, 96이고

(나) $40 = 8 \times 5$

$x = 8n$ (n과 5는 서로소)에서 (가)를 만족하는 x는 24, 48, 96이다.

2 $200 - 4 = 196$, $100 - 2 = 98$

x는 196과 98의 최대공약수 98이다.

3 가능한 한 큰 정육면체 모양의 나무토막을 만들려면 정육면체의 한 모서리의 길이는 36, 48, 60의 최대공약수가 되어야 한다.

이때, $36 = 2^2 \times 3^2$, $48 = 2^4 \times 3$, $60 = 2^2 \times 3 \times 5$이므로

36, 48, 60의 최대공약수는 $2^2 \times 3 = 12$

따라서 정육면체의 한 모서리의 길이를 12 cm로 하면 된다.

4 볼펜 $(26-2)$자루, 연필 $(42-2)$자루, 공책 $(15+1)$권을 x명에게 나머지 없이 똑같이 나누어 줄 수 있다.

이때, x는 최대 학생 수이므로 24, 40, 16의 공약수 중 가장 큰 수이다.

따라서 구하는 학생 수는

$2 \times 2 \times 2 = 8(명)$이다.

```
2) 24  40  16
2) 12  20   8
2)  6  10   4
    3   5   2
```

응용 문제 04   13쪽

예제 ④ 90, 3, 3, 18, 18, 9, 18/2개

1 98   **2** 101   **3** 1   **4** 17개

---

1 세 자연수를 어떤 수로 나누었을 때, 나머지가 같으면 세 수 중 어떤 두 수의 차도 처음 나누는 수로 나누어떨어진다.

$13903 - 13511 = 392$, $14589 - 13903 = 686$,

$14589 - 13511 = 1078$

392, 686, 1078의 최대공약수는 98이므로 A의 최댓값은 98이다.

2 세 수의 최대공약수를 x라 하면

$a = a'x$, $b = b'x$, $c = c'x$(단, a', b', c'은 서로소)

이때, $a + b + c = (a' + b' + c')x = 1111$이므로

x는 $1111 = 11 \times 101$의 약수이다.

따라서 x의 최댓값은 101이다.

3 A, B의 최대공약수를 G라 하면

$A = aG$, $B = bG$(a, b는 서로소)

$A \odot B = G$, $A \odot A = A$, $B \odot B = B$이므로

$\left(\dfrac{A \odot A}{A \odot B} \odot \dfrac{B \odot B}{A \odot B}\right) \odot A = \left(\dfrac{A}{G} \odot \dfrac{B}{G}\right) \odot A = (a \odot b) \odot A$

$= 1 \odot A$ ($\because a$, b는 서로소)

$= 1$

4 가로등의 개수를 최소가 되게 하려면 가로등과 가로등 사이의 간격을 최대가 되게 하면 된다. 가로등과 가로등 사이의 간격은 48, 120, 72, 168의 최대공약수인 24 m이고, 사각형의 둘레의 길이는

$48 + 120 + 72 + 168 = 408(m)$이므로 필요한 가로등의 개수는 $408 \div 24 = 17(개)$

```
2) 48  120  72  168
2) 24   60  36   84
2) 12   30  18   42
3)  6   15   9   21
    2    5   3    7
```

핵심 문제 05   14쪽

1 128   **2** 3   **3** 2520   **4** 20일

1 $14 = 2 \times 7$, $28 = 2^2 \times 7$, $112 = 2^4 \times 7$이므로 a는 $2^4 = 16$으로 나누어떨어져야 한다.

그런데, a의 인수는 16 이외에 7만 있어야 하므로 a가 될 수 있는 수는 16과 $16 \times 7 = 112$뿐이다.

따라서 두 수의 합은 $112 + 16 = 128$이다.

2 3, 4, 5, 6의 어느 수로 나누어도 나머지가 2이므로 구하는 수는 3, 4, 5, 6의 공배수보다 2 큰 수이다.

3, 4, 5, 6의 최소공배수는 60이므로 구하는 수는 (60의 배수) + 2인 세 자리 수이다.

따라서 세 자리 수 중 가장 큰 수는 $960+2=962$이므로
$962 \div 7 = 137 \cdots 3$

3
$$
\begin{array}{r}
2)\underline{2\ 3\ 4\ 5\ 6\ 7\ 8\ 9\ 10} \\
3)\underline{1\ 3\ 2\ 5\ 3\ 7\ 4\ 9\ 5} \\
5)\underline{1\ 1\ 2\ 5\ 1\ 7\ 4\ 3\ 5} \\
2)\underline{1\ 1\ 2\ 1\ 1\ 7\ 4\ 3\ 1} \\
1\ 1\ 1\ 1\ 1\ 7\ 2\ 3\ 1
\end{array}
$$
$\therefore 2 \times 3 \times 5 \times 2 \times 7 \times 2 \times 3 = 2520$

4 A는 $4+1=5$(일) 주기로 일하고 B는 $5+2=7$(일) 주기로 일한다.

5와 7의 최소공배수는 35이므로 처음 35일 동안에

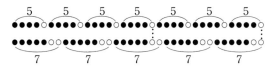

2일간 함께 쉰다.
$365 = 35 \times 10 + 15$
$\therefore 2 \times 10 = 20$(일)

응용 문제 05   15쪽

[예제 5] 200, 600, 16, 40, 26, 40/8시 26분 40초
1 7번   **2** 1800개   **3** 147명   **4** 73번째

1 20과 35의 최소공배수는 140이므로 A, B 기차는 140분마다 동시에 출발한다.
오전 6시부터 오후 8시까지는 14시간 = 840분 = 140분 × 6이 므로 처음 출발한 것을 포함하여 하루 동안 A, B 기차는 7번 동시에 출발한다.

2 12의 배수의 개수는 $2024 = 12 \times 168 + 8$에서 168개
18의 배수의 개수는 $2024 = 18 \times 112 + 8$에서 112개
또, 12와 18의 최소공배수인 36의 배수의 개수는
$2024 = 36 \times 56 + 8$에서 56개이다.
따라서 구하는 수의 개수는
$2024 - (168 + 112 - 56) = 1800$(개)

3 한 조에 4명, 6명, 9명씩 어느 인원을 배정하여도 항상 3명이 남게 되므로 학생 수는 4, 6, 9의 공배수보다 3명이 많다.
4, 6, 9의 최소공배수가 36이므로 학생 수는 36의 배수보다
3이 큰 수 $36+3$, $72+3$, $108+3$, $144+3$, … 중의 하나이다.

그런데 학생 수가 150명에 가까우므로 참가한 학생 수는 147명이다.

4 x번째 삼각형이 첫 번째 삼각형과 완전히 겹쳐진다고 하면
$(x-1)$번째 삼각형은 오른쪽 그림과 같이 놓여진다.

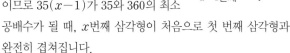

이때 $35(x-1) = 360n$(n은 자연수) 이므로 $35(x-1)$가 35와 360의 최소 공배수가 될 때, x번째 삼각형이 처음으로 첫 번째 삼각형과 완전히 겹쳐집니다.
$35 = 5 \times 7$, $360 = 2^3 \times 3^2 \times 5$에서
35와 360의 최소공배수가 $2^3 \times 3^2 \times 5 \times 7$이므로
$35(x-1) = 2^3 \times 3^2 \times 5 \times 7$ $\therefore x = 73$
따라서 첫 번째 삼각형과 처음으로 완전히 겹쳐지는 삼각형은 73번째 삼각형이다.

핵심 문제 06   16쪽

1 315   **2** 180, 270, 540   **3** 4
4 $\dfrac{30}{7}$

1 최대공약수를 G라 하면
$A = Ga$, $B = Gb$(a, b는 서로소)
$Ga \times Gb = G \times Gab$
$4725 = 15 \times Gab$
따라서 두 수의 최소공배수 $Gab = 315$

2 최대공약수 18, 최소공배수 540에서
$$
\begin{array}{r}
18)\underline{90\quad 108\quad 18a'} \\
5\quad\ 6\quad\ a'
\end{array}
$$
$a' = \underset{10}{5 \times 2}$, $\underset{15}{5 \times 3}$, $\underset{30}{5 \times 6}$
$\therefore a = 180, 270, 540$

3 세 자연수의 비가 $4 : 5 : 6$이므로
세 자연수를 $4a, 5a, 6a$로 놓을 수 있다.
$4a, 5a, 6a$의 최소공배수는
$a \times 2 \times 2 \times 5 \times 3 = 60 \times a = 240$이므로 $a = 4$이다.
$$
\begin{array}{r}
a)\underline{4a\quad 5a\quad 6a} \\
2)\underline{4\quad\ 5\quad\ 6} \\
2\quad\ 5\quad\ 3
\end{array}
$$

4 6과 5의 최소공배수는 30이고 35와 28의 최대공약수는 7이 므로 두 분수가 자연수가 되게 하는 분수 중 가장 작은 수는 $\dfrac{30}{7}$이다.

응용문제 06

예제 6 2, 18, 18, 18, 36 / (1) 18개 (2) 36개

1 3   **2** $\dfrac{48}{5}$ **3** 24   **4** 84

1 두 자연수는 모두 3의 배수이므로 $3 \times a$, $3 \times b$로 놓을 수 있다. (a, b는 서로소)

이때 오른쪽과 같은 나눗셈을 생각할 수 있으며, 최소공배수는 $3 \times a \times b = 36$이다.

$$3) \underline{3 \times a \quad 3 \times b} \\ \quad\; a \qquad\; b$$

$a \times b = 12$이고, a, b는 서로소이므로

$a = 1$, $b = 12$ 또는 $a = 3$, $b = 4$이다.

이때 두 수의 합이 21이므로 두 수는 $3 \times 3 = 9$, $3 \times 4 = 12$이다.

따라서 두 수의 차는 $12 - 9 = 3$이다.

2 세 분수에 곱하면 자연수가 되는 분수는 $\dfrac{(분모의 \ 공배수)}{(분자의 \ 공약수)}$ 이다.

분모를 각각 소인수분해하면 $4 = 2^2$, $6 = 2 \times 3$, $8 = 2^3$이므로

세 수의 최소공배수는 $2^3 \times 3 = 24$

따라서 분자는 24의 배수이다.

분자를 각각 소인수분해하면 $15 = 3 \times 5$, $25 = 5^2$, $35 = 5 \times 7$

이므로 세 수의 최대공약수는 5이다.

따라서 분모는 5의 약수이다.

그러므로 가장 작은 수는 $\dfrac{24}{5}$ 이고, 두 번째로 작은 수는 $\dfrac{48}{5}$ 이다.

3 (두 수의 곱) = (최대공약수) × (최소공배수)이므로

$960 = (최대공약수) \times 120$ ∴ (최대공약수) = 8

$A = 8 \times a$, $B = 8 \times b$($a < b$, a와 b는 서로소)라 하면

$8 \times a \times b = 120$에서 $a \times b = 15$

∴ $a = 3$, $b = 5$ (∵ A, B는 두 자리 자연수이고, $A < B$)

∴ $A = 8 \times 3 = 24$

4 $A = 12 \times a$, $B = 12 \times b$(a, b는 서로소)라 하면

$12 \times a \times b = 144$ ∴ $a \times b = 12$

a, b는 서로소이므로 $a \times b = 12$를 만족하는

a, b의 순서쌍 (a, b)를 구하면

$(1, 12)$, $(3, 4)$, $(4, 3)$, $(12, 1)$

그런데 두 자연수 $A = 12 \times a$, $B = 12 \times b$가 50 이하의 자연수이므로 (a, b)는 $(3, 4)$ 또는 $(4, 3)$이다.

따라서 $A + B = 12 \times 3 + 12 \times 4 = 84$

심화문제

01 27	**02** 12	**03** 4	**04** 8가지
05 84	**06** 30	**07** 3, 9, 15	**08** 2
09 540	**10** 4	**11** 62	**12** 199묶음
13 22	**14** 105	**15** 26	**16** 34
17 206	**18** 40개		

01 $18! = 1 \times 2 \times 3 \times 2^2 \times 5 \times (2 \times 3) \times 7 \times (2^3) \times 3^2 \times (2 \times 5) \times 11 \times (2^2 \times 3) \times 13 \times (2 \times 7) \times (3 \times 5) \times 2^4 \times 17 \times (2 \times 3^2)$

$= 2^{16} \times 3^8 \times 5^3 \times \cdots$

이므로 $a = 16$, $b = 8$, $c = 3$

∴ $a + b + c = 27$

별해 1 ~ 18에는 2의 배수가 9개, 4의 배수가 4개, 8의 배수가 2개, 16의 배수가 1개이므로 2^{16},

3의 배수가 6개, 9의 배수가 2개이므로 3^8,

5의 배수가 3개이므로 5^3

∴ $a + b + c = 16 + 8 + 3 = 27$

02 $10! = 1 \times 2 \times 3 \times \cdots \times 10 = 2^8 \times 3^4 \times 5^2 \times 7$

➡ 2^8을 약수로 갖는다.

$12! = (2^8 \times 3^4 \times 5^2 \times 7) \times 11 \times (2^2 \times 3)$

$= 2^{10} \times 3^5 \times 7 \times 11$

➡ 2^{10}을 약수로 갖는다.

따라서 $n \geq 12$일 때 $n!$은 2^{10}을 약수로 갖는다.

03 $360 = 2^3 \times 3^2 \times 5$이므로

$A(360) = (3+1) \times (2+1) \times (1+1) = 24$

$24 = 2^3 \times 3$이므로 $A(24) = (3+1) \times (1+1) = 8$

$8 = 2^3$이므로 $A(8) = 3 + 1 = 4$

∴ $A(A(A(360))) = 4$

04 $A = 2^3 \times 3^2 \times 5^2 \times 7$에 대하여

$A = x \times y$(x, y는 서로소)라 할 때

2^3, 3^2, 5^2, 7은 x, y 중 어느 한 쪽에만 있어야 한다.

2^3, 3^2, 5^2, 7을 각각 선택하는 경우는 2가지씩 있고

x, y가 대칭인 것은 같은 것이므로

$\dfrac{1}{2} \times 2 \times 2 \times 2 \times 2 = 8$(가지)

05 $72 = 12 \times 6$이므로 $N = 12 \times a$(단, 6과 a는 서로소)

$(12 \times 6) + (12 \times a) = 12(6 + a)$가 13의 배수이므로

$6 + a$가 13의 배수이어야 한다.

6과 a는 서로소이므로 $a = 7$

$\therefore N = 12 \times 7 = 84$

06 $\dfrac{n^2}{12} = \dfrac{n^2}{2^2 \times 3}$ 이 자연수이므로 n은 2×3의 배수

$\dfrac{n^3}{40} = \dfrac{n^3}{2^3 \times 5}$ 이 자연수이므로 n은 2×5의 배수

$\dfrac{n^4}{45} = \dfrac{n^4}{3^2 \times 5}$ 이 자연수이므로 n은 3×5의 배수

따라서 자연수 n의 최솟값은 $2 \times 3 \times 5 = 30$이다.

07 3의 배수 판정법에 의하여 $4+7+b+8$은 3의 배수이므로
$b = 2, 5, 8$

$b = 2$일 때, $23a5 + 2413 = 4728$ $\quad \therefore a = 1$

$b = 5$일 때, $23a5 + 2413 = 4758$ $\quad \therefore a = 4$

$b = 8$일 때, $23a5 + 2413 = 4788$ $\quad \therefore a = 7$

따라서 $a+b$의 값은 3, 9, 15이다.

08 $270 = 2 \times 3^3 \times 5$이므로 $245 - k = 3^4 \times a$의 꼴이어야 한다.

k가 최소이려면 $3^4 \times a$가 $0 < 3^4 \times a < 245$인 범위에서 최대이어야 하므로 $a = 3$이고 $k = 2$이다.

09 9, 6, 5의 최소공배수는 90이므로 큰 원은 10바퀴, 중간 원은 15바퀴, 작은 원은 18바퀴를 돌면 만난다.

따라서 최소 거리 m은 $2 \times 9 \times 3 \times 10 = 540$

10 $d3739d0$은 60의 배수이므로 3의 배수이다.

(ⅰ) $d+3+7+3+9+d+0 = 2d+22$는 3의 배수이어야 하므로 $d = 1, 4, 7$이다.

(ⅱ) 주어진 수가 4의 배수이므로 $10d + 0$이 4의 배수이어야 한다. 즉, $d = 2, 4, 6, 8$이다.

따라서 (ⅰ), (ⅱ)에 의해 $d = 4$

11 $1 \times 2 \times 3 \times 4 \times 5 \times 6 \times 7 \times 8 \times 9 \times 10 \times \cdots \times 250$을 모두 소인수분해하여 소수의 거듭제곱으로 나타내면
$2^a \times 3^b \times 5^c \times 7^d \times 11^e \times \cdots$이고 이때 $a > c$이므로 c의 값을 알아보자.

$250 \div 5 = 50$, $250 \div 5^2 = 10$, $250 \div 5^3 = 2$

따라서 250 이하의 모든 자연수의 곱은
$2^a \times 3^b \times 5^{62} \times 7^d \times 11^e \times \cdots$
$= (2^{a-62} \times 3^b \times 7^d \times 11^e \times \cdots) \times 10^{62}$

이므로 10^n으로 나누어떨어지도록 하는 가장 큰 자연수 n의 값은 62이다.

12 연속하는 자연수를 $x-1$, x, $x+1$(단, $2 \le x \le 999$)이라 하면 세 수의 합은 $3x$이고, $3x$가 15의 배수가 되려면 x는 5의 배수이어야 한다.

따라서 2에서 999까지의 자연수 중에서 5의 배수는 199개이므로 세 수의 합이 15의 배수가 되는 것은 199묶음이다.

13 $A = 11a$, $B = 11b$(단, a, b는 서로소, $a > b$)라 하면

$A \times B = 11a \times 11b = 2541$ $\quad \therefore ab = 21$

A, B는 두 자리의 자연수이므로 $a = 7$, $b = 3$이다.

$A = 11 \times 7 = 77$, $B = 11 \times 3 = 33$이므로

$A + B = 77 + 33 = 110$, $A - B = 77 - 33 = 44$이다.

따라서 110과 44의 최대공약수를 구하면 22이다.

14 $189 = 3^3 \times 7$이므로 곱해야 하는 자연수는 $3 \times 7 \times (\text{자연수})^2$의 꼴인 수이다.

$a = 3 \times 7 \times 1^2 = 21$, $b = 3 \times 7 \times 2^2 = 84$이므로

$a + b = 21 + 84 = 105$

15 $a + (a+1) + (a+2) + (a+3) + (a+4) = 5 \times 25$

$5a + 10 = 125$ $\quad \therefore a = 23$

$19 + 20 + 21 = 60 = 5 \times 12$ $\quad \therefore b = 3$

$\therefore a + b = 23 + 3 = 26$

16 (ⅰ) 약수가 2개인 자연수는 소수로서 15개이다.

　　 2, 3, 5, 7, 11, 13, 17, 19, 23, 29, 31, 37, 41, 43, 47

(ⅱ) 약수가 3개인 자연수는 소수의 제곱수로서 4개이다.

　　 2^2, 3^2, 5^2, 7^2

(ⅲ) 약수가 4개인 자연수는 소수의 세제곱수 2개와 두 소수의 곱으로 이루어진 수 13개로 모두 15개이다.

　　 2^3, 3^3, 2×3, 2×5, 2×7, 2×11, 2×13, 2×17,
　　 2×19, 2×23, 3×5, 3×7, 3×11, 3×13, 5×7

$\therefore a + b + c = 15 + 4 + 15 = 34$

17 사과의 개수를 n이라고 하자.

6으로 나눌 때 1이 남으면 6으로 나눌 때 5가 부족하다는 것과 같으므로 $n+5$는 6으로 나누어떨어지므로 6의 배수이다.

8로 나눌 때 5가 부족한 수는 5를 더해주면 8로 나누어떨어지므로 $n+5$는 8의 배수이다.

9로 나눌 때 4가 남으면 9로 나눌 때 5가 부족하다는 것과 같으므로 $n+5$는 9의 배수이다.

다시 말해서, $n+5$는 6, 8, 9의 공배수이다. 6, 8, 9의 최소공배수는 72이므로 $n+5$는 72, 144, 216, $\cdots$이고 n은 67, 139, 211, $\cdots$이다.

이 중 200보다 작은 수는 67과 139이므로 다연이가 가지고 있는 사과의 개수로 가능한 수들의 합은 206이다.

18 4는 2의 배수이고, 6은 2의 배수이면서 3의 배수이다.

2의 배수의 개수는 $150 \div 2 = 75$(개) $\cdots$ ㉠

3의 배수의 개수는 $150 \div 3 = 50$(개) $\cdots$ ㉡

5의 배수의 개수는 $150 \div 5 = 30$(개) $\cdots$ ㉢

2, 3의 공배수의 개수는 6의 배수의 개수와 같으므로
$150 \div 6 = 25$(개) $\cdots$ ㉣

3, 5의 공배수의 개수는 15의 배수의 개수와 같으므로

$150 \div 15 = 10$(개) $\cdots$ ㉤

2, 5의 공배수의 개수는 10의 배수의 개수와 같으므로

$150 \div 10 = 15$(개) $\cdots$ ㉥

2, 3, 5의 공배수의 개수는 30의 배수의 개수와 같으므로

$150 \div 30 = 5$(개) $\cdots$ ㉦

따라서 2, 3, 4, 5, 6 어느 수로도 나누어떨어지지 않는 수의

개수는

$150 - (㉠ + ㉡ + ㉢) + (㉣ + ㉤ + ㉥) - ㉦$

$150 - (75 + 50 + 30) + (25 + 10 + 15) - 5 = 40$(개)

최상위 문제　　24~29쪽

01 1	**02** 89	**03** 20개	**04** 441
05 5100	**06** 24번	**07** 592	**08** 23개
09 40개	**10** (8, 9, 12, 5, 100), (4, 18, 6, 10, 50),		
(2, 36, 3, 20, 25)		**11** 100	**12** 84
13 7	**14** 24	**15** 7번	**16** 7
17 15	**18** 468		

01 각 자리의 숫자의 합이 3(또는 9)의 배수이면

그 수는 3(또는 9)의 배수이다.

또한 두 자리씩 끊은 숫자의 합이 3(또는 9)의 배수이면

그 수는 3(또는 9)의 배수이다.

$15 + 16 + 17 + \cdots + 98 + 99 = (15 + 99) \times 85 \times \dfrac{1}{2}$

$\qquad\qquad\qquad\qquad\qquad = 85 \times 57$

$\qquad\qquad\qquad\qquad\qquad = 3 \times 5 \times 17 \times 19$

따라서 N은 3의 배수이지만 9의 배수는 아니므로 3의 지수

는 1이다.

02 $360 = 2^3 \times 3^2 \times 5$이므로

$f(360) = (3+1) \times (2+1) \times (1+1) = 24$

$f(360) \times f(x) = 96$ $\qquad \therefore f(x) = 4$

100 이하의 자연수 중 약수의 개수가 4개인 가장 큰 수는 95,

가장 작은 수는 6이다.

$\therefore 95 - 6 = 89$

03 $10^2 = 100$이므로 제곱하여 십의 자리를 결정하는 것은 일의

자리의 수이다.

1부터 9까지 제곱하여 십의 자리 숫자가 홀수가 되는 것은

$4^2 = 16$, $6^2 = 36$의 두 개 뿐이다.

따라서 100 이하의 자연수 중 일의 자리의 숫자가 4, 6인 수

는 모두 20개이다.

04 각 줄의 식의 우변의 값은 1^2, 3^2, 6^2, 10^2, 15^2, $\cdots$

$$\underset{+2\ \ \ +3\ \ \ +4\ \ \ +5}{1\quad 3\quad 6\quad 10\quad 15\cdots}$$

이므로 위의 규칙에 의해 각 줄의 식의 결과값은

1^2, $(1+2)^2$, $(1+2+3)^2$, $(1+2+3+4)^2$,

$(1+2+3+4+5)^2$

따라서 여섯 번째 수는 $(1+2+3+4+5+6)^2 = 441$

05 $2^1 = 2$, $2^2 = 4$, $2^3 = 8$, $2^4 = 16$, $2^5 = 32$, $\cdots$에서

2^n의 일의 자리는 $n = 1$일 때부터 차례로 2, 4, 8, 6이 반복된다.

$2^n - 1$이 5의 배수가 되는 것은 2^n의 일의 자리의 수가 6일

때, 즉 n이 4의 배수일 때이다.

$\therefore 4 + 8 + 12 + \cdots + 196 + 200$

$= 4(1 + 2 + 3 + \cdots + 49 + 50)$

$= 4 \times \dfrac{50 \times 51}{2} = 5100$

06 톱니의 수가 각각 6개, 8개이므로 번호가 똑같은 톱니가 다시

만나는 것은 6, 8의 최소공배수인 24번 맞물린 후이다.

그런데 24번 맞물리는 동안 같은 번호끼리 맞물리는 경우는

처음부터 차례로 (1, 1), (2, 2), (3, 3), (4, 4), (5, 5),

(6, 6)이 만나는 6가지 경우 뿐이므로 24를 주기로 볼 때, 같

은 번호끼리 맞물리는 것은 앞쪽의 6개이다.

B의 톱니의 수는 8개이므로 10바퀴를 돌리면

$8 \times 10 = 80$(번) 맞물린 셈이다.

따라서 $80 = 24 \times 3 + 8$이므로 같은 번호가 맞물린 것은

$6 \times 4 = 24$(번)이다.

07 $x = 3 \times 5 \times n$이라 하면 x는 3의 배수이므로 x의 각 자리의

숫자의 합은 3의 배수이다.

즉, 8은 최소한 세 번 사용되어야 한다. 또한 x는 5의 배수이

므로 x의 일의 자리 숫자는 0이다.

따라서 가장 작은 수는 $x = 8880$이므로 $\dfrac{x}{15} = 592$

08 $27 = 3^3$이므로 $f(n) = 3$이 되는 수는

$27 \times (3의 배수가 아닌 수)$ 꼴이다.

$27 \times 4 = 108$, $27 \times 37 = 999$이므로 4부터 37까지 3의 배수

가 아닌 수는 23개이다.

09 가로가 5, 세로가 4인 직사각형을 배

열하여 최소의 정사각형을 만들 때의

한 변의 길이는 20이다.

한 변의 길이가 20인 정사각형인 경우

대각선과 만나는 직사각형의 개수는

8개이다. $\qquad \therefore 8 \times 5 = 40$(개)

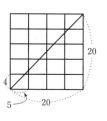

10
$a \times b = 72 = 2^3 \times 3^2$ $\cdots$ ㉠
$b \times c = 108 = 2^2 \times 3^3$ $\cdots$ ㉡
$c \times d = 60 = 2^2 \times 3 \times 5$ $\cdots$ ㉢
$d \times e = 500 = 2^2 \times 5^3$ $\cdots$ ㉣

식 ㉡에서 5는 c의 약수가 아니므로 ㉢에서 5는 d의 약수이어야 한다.

또, d는 60의 약수이므로 $d = 5, 10, 15, 20, 30, 60$인 경우를 각각 생각해보면 구하는 순서쌍 (a, b, c, d, e)는
$(8, 9, 12, 5, 100), (4, 18, 6, 10, 50), (2, 36, 3, 20, 25)$

11
$120 \times a = 2^3 \times 3 \times 5 \times a$이므로
$a = 2 \times 3 \times 5 = 30$, $b^2 = 2^4 \times 3^2 \times 5^2$이므로
$b = 2^2 \times 3 \times 5 = 60$
$\therefore a + b = 30 + 60 = 90$

이때 $\dfrac{a+b}{m} = \dfrac{90}{m} = \dfrac{2 \times 3^2 \times 5}{m}$가 제곱수가 되려면
$m = 2 \times 5 \times k^2$($k$는 자연수)의 꼴이고 90의 약수이어야 한다.
$\therefore m = 2 \times 5 \times 1^2 = 10$ 또는 $m = 2 \times 5 \times 3^2 = 90$
따라서 모든 m의 값의 합은 $10 + 90 = 100$이다.

12 $2a58b$가 18의 배수이려면 2의 배수와 9의 배수가 되어야 하므로 b는 짝수이고, $2+a+5+8+b = 15+a+b$에서 $a+b$는 3 또는 12가 되어야 한다.
$a+b = 3$일 때 $3+0(\times)$, $1+2(\times)$
$a+b = 12$일 때 $8+4(\bigcirc)$, $6+6(\times)$, $4+8(\times)$
$\therefore 10a + b = 84$

13 $221 = 13 \times 17$, $91 = 7 \times 13$이므로 두 수의 최대공약수는 13이다.
$221 = 91 \times 2 + 39$ $\cdots$ ㉠
$91 = 39 \times 2 + 13$ $\cdots$ ㉡
㉠에서 $39 = 221 - 91 \times 2$이므로 ㉡의 39에 이를 대입하면
$91 = (221 - 91 \times 2) \times 2 + 13 = 221 \times 2 - 91 \times 4 + 13$
$13 = 91 \times 5 - 221 \times 2$
$\therefore r = 2, s = 5$ $\therefore r + s = 7$

14 두 자연수 A, B의 최대공약수를 G, 최소공배수를 L이라 하자.
$A = G \times a$, $B = G \times b$(a, b는 서로소 $a < b$)라 하면
$L = G \times a \times b$이므로 $\dfrac{L}{G} = a \times b = 10$
이때 a, b는 서로소이고 $a < b$이므로
$a = 1, b = 10$ 또는 $a = 2, b = 5$이다.
(i) $a = 1, b = 10$일 때 $A = G$, $B = 10 \times G$
$A + B = G + 10 \times G = 11 \times G$이고 $11 \times G$가 56이 되는 G는 존재하지 않는다.

(ii) $a = 2, b = 5$일 때 $A = 2 \times G$, $B = 5 \times G$
$A + B = 2 \times G + 5 \times G = 7 \times G$이고 $7 \times G = 56$에서
$G = 56 \div 7 = 8$
따라서 $A = 2 \times 8 = 16$, $B = 5 \times 8 = 40$이므로
$B - A = 40 - 16 = 24$이다.

15 슬기가 한 바퀴 도는 데 걸린 시간은
$$\frac{6 \times 3 \times r}{4} = \frac{3 \times 3 \times r}{2}(초)$$
요섭이가 한 바퀴 도는 데 걸린 시간은 $\dfrac{2 \times 3 \times r}{3}(초)$
슬기가 a바퀴, 요섭이가 b바퀴 돈 후 두 사람이 점 P에서 만난다면
$$\frac{3 \times 3 \times r}{2} \times a = \frac{2 \times 3 \times r}{3} \times b$$
$\therefore 9a = 4b$
a는 4의 배수이고, $1 \leq a \leq 30$이므로
$a = 4, 8, 12, 16, 20, 24, 28$
따라서 두 사람은 모두 7번 만난다.

16 $5! = 5 \times 4 \times 3 \times 2 \times 1 = 120$이므로 10의 배수이다.
$n = 4$일 때,
$N = 1 + 3! + 5! + 7! = 7 + 5! + 7! = 7 + 5!(1 + 7 \times 6)$
$n = 5$일 때,
$N = 1 + 3! + 5! + 7! + 9! = 7 + 5! + 7! + 9!$
$= 7 + 5!(1 + 7 \times 6 + 9 \times 8 \times 7 \times 6)$
n이 4 이상일 때 모든 수는 $7 + (10의 배수)$로 나타낼 수 있다.
따라서 $n \geq 4$일 때 N을 10으로 나누면 나머지는 모두 7이다.

17 $\dfrac{1}{4}$과 $\dfrac{4}{5}$ 사이의 분수를 $\dfrac{n}{m}$($m \neq 0$)이라 하고 어떤 자연수를 x라고 하면 $\dfrac{n+x}{mx} = \dfrac{n}{m}$
$m(n+x) = mnx$, $n+x = nx$, $nx - x = n$, $x(n-1) = n$
그런데 $n = 1$이면 $x \times 0 = 1$이므로 등식이 성립하지 않는다.
따라서 $n \neq 1$이므로 $x = \dfrac{n}{n-1}$
이때 x는 정수이므로 $x = 2, n = 2$
따라서 $\dfrac{1}{4} < \dfrac{2}{m} < \dfrac{4}{5}$에서 $\dfrac{4}{16} < \dfrac{4}{2m} < \dfrac{4}{5}$이므로
$5 < 2m < 16$이다.
$\therefore m = 3, 4, 5, 6, 7$
이때 m의 값이 4와 6일 때는 기약분수가 아니므로 조건을 만족하는 m의 값은 3, 5, 7이다.
$\therefore 3 + 5 + 7 = 15$

18 (ⅰ) A가 한 자리의 자연수 a라고 하면 $a=13a$가 되어 모순이다.

    (ⅱ) A가 두 자리의 자연수로 십의 자리의 숫자를 a, 일의 자리의 숫자를 b라 하면

$$13(a+b)=10a+b$$
$$3a+12b=0$$
$$a+4b=0$$

이 조건을 만족시키는 a, b는 없다.

    (ⅲ) A가 세 자리의 자연수로 백의 자리의 숫자를 a, 십의 자리의 숫자를 b, 일의 자리의 숫자를 c라 하면

$$13(a+b+c)=100a+10b+c$$
$$87a-3b-12c=0$$
$$29a=b+4c$$
$$a=1,\ b=1,\ c=7$$
$$a=1,\ b=5,\ c=6$$
$$a=1,\ b=9,\ c=5$$

a가 2 이상인 경우는 없다.

따라서 117, 156, 195의 세 가지가 있다.

$$\therefore 117+156+195=468$$

2 정수와 유리수

핵심문제 01

1 ③, ④　　**2** 3명　　**3** 출구 2

1 ③ 자연수는 11의 1개뿐이다.

④ 정수가 아닌 유리수는 $-\dfrac{6}{7}$, -4.3, 0.9, $\dfrac{17}{34}$의 4개이다.

2 가람 : 자연수는 정수에 포함된다.

루희 : 가장 큰 양의 정수는 알 수 없다.

명기 : 서로 다른 두 유리수 사이에는 또 다른 유리수가 무수히 많이 있다.

보라 : 양의 정수와 음의 정수 사이에는 0이 항상 있으므로 1개 이상의 정수가 존재한다.

3 Ⓐ 가장 작은 자연수는 1이다.

Ⓒ 유리수는 양수, 0, 음수로 나누어진다.

Ⓔ 1.2, 3.6은 정수가 아닌 유리수이지만 $-\dfrac{10}{5}=2$는 정수이다.

Ⓖ 2, 0.25는 모두 수직선 위에 나타낼 수 있다.

Ⓗ 서로 다른 두 정수 사이에는 유한개의 정수가 존재한다.

응용문제 01

예제 ❶ 2, 2／①, ④

1 ④　　**2** 12개　　**3** 풀이 참조

1 세 학생의 대화 내용을 모두 만족시키는 수들은 정수가 아닌 음의 유리수이다.

①, ② 정수가 아닌 음의 유리수 중 가장 큰 수와 가장 작은 수는 구할 수 없다.

③ -1보다 크고 분모가 3인 음수는 $-\dfrac{1}{3}$, $-\dfrac{2}{3}$이다.

④ 세 학생이 설명하는 수들을 제외한 나머지 유리수들은 양수이거나 0이거나 음의 정수이다.

⑤ 임의의 두 정수 사이에는 무수히 많은 유리수가 존재한다.

2 양의 유리수 : 4.8, $\dfrac{121}{11}$, 927, 0.5 ➡ $a=4$,

음의 유리수 : -7, $-\dfrac{16}{5}$ ➡ $b=2$

정수가 아닌 유리수 : 4.8, $-\dfrac{16}{5}$, 0.5 ➡ $c=3$

$4 \times 2 \times 3^2 = 2^3 \times 3^2$의 약수의 개수는

$(3+1) \times (2+1) = 12$(개)

3

$\dfrac{24}{12}(=2)$, $\dfrac{36}{12}(=3)$

이다.

따라서 분모가 12이고 정수가 아닌 유리수 x의 개수는

$54-5=49$(개)이다.

32쪽

핵심 문제 02

1 ㄴ, ㄹ, ㅁ **2** $\dfrac{7}{4}$ **3** $3b$ **4** ④

5 49개

1 ㄴ. 가장 작은 양의 정수 1이다.

ㄹ. $a=0$일 때, $|x|=0$을 만족시키는 x의 값은 0뿐이다.

ㅁ. 절댓값이 2.5 이하인 정수는 -2, -1, 0, 1, 2의 5개이다.

ㅂ. $a>0$이면 $-2a<0$이므로 $|-2a|=-(-2a)=2a$

2 $(-2.5) ★ \dfrac{17}{4} = -2.5$, $\dfrac{7}{4} ☆ \left(-\dfrac{5}{6}\right) = \dfrac{7}{4}$이므로

$-2.5 ★ \dfrac{7}{4} = \dfrac{7}{4}$

3 $2b<0$, $-4b>0$이므로

$-|2b|+3|b|+(-|-4b|)$

$=-(-2b)-3b+\{-(-4b)\}$

$=2b-3b+4b$

$=3b$

4 ① 가장 큰 수는 3.5이다.

② 절댓값이 가장 큰 수는 -7이다.

③ 수직선 위에 나타냈을 때, 왼쪽에서 세 번째로 있는 수는 0이다.

④ -0.25보다 작은 수는 $-\dfrac{1}{3}$, -7의 2개이다.

⑤ 절댓값이 가장 작은 수는 0이므로 $|-7|+0=7$이다.

5 $3.25 = 3\dfrac{1}{4} = \dfrac{13}{4}$

$-\dfrac{4}{3}<x<\dfrac{13}{4}$에서 $-\dfrac{16}{12}<x<\dfrac{39}{12}$ … ㉠

㉠을 만족시키는 분모가 12인 유리수 x의 개수는

$15+1+38=54$(개)

이 중 분모가 12이면서 정수인 x는

$-\dfrac{12}{12}(=-1)$, $\dfrac{0}{12}(=0)$, $\dfrac{12}{12}(=1)$,

응용 문제 02

33쪽

예제 2 -9, 15, -6, -15, -15, $30/30$

1 10개 **2** 13

3 $(3, 2)$, $(3, -8)$, $(5, -2)$, $(5, -8)$

4 $a=-1$, $b=3$, $c=4$

1 a와 b의 절댓값의 합이 5가 되기 위한 순서쌍

$(|a|, |b|)=(5, 0)$, $(4, 1)$, $(3, 2)$, $(2, 3)$, $(1, 4)$, $(0, 5)$

$a>b$이므로 $(|a|, |b|)=(5, 0)$이면 $(a, b)=(5, 0)$

$(|a|, |b|)=(4, 1)$이면 $(a, b)=(4, 1)$, $(4, -1)$

$(|a|, |b|)=(3, 2)$이면 $(a, b)=(3, 2)$, $(3, -2)$

$(|a|, |b|)=(2, 3)$이면 $(a, b)=(2, -3)$, $(-2, -3)$

$(|a|, |b|)=(1, 4)$이면 $(a, b)=(1, -4)$, $(-1, -4)$

$(|a|, |b|)=(0, 5)$이면 $(a, b)=(0, -5)$

$\therefore 10$개

2 $|a+3|=6$이면 $a+3=6$ 또는 $a+3=-6$이다.

$a+3=6$인 경우 $a=3$

$a+3=-6$인 경우 $a=-9$

$|2 \times b-3|=1$이면 $2 \times b-3=1$ 또는 $2 \times b-3=-1$

$2 \times b-3=1$인 경우 $b=2$

$2 \times b-3=-1$인 경우 $b=1$

$a+b$가 최댓값을 갖기 위해서는 $a=3$, $b=2$이므로 $M=5$

$a+b$가 최솟값을 갖기 위해서는 $a=-9$, $b=1$이므로

$m=-8$

수직선 위에서 5와 -8 사이의 거리는 13이다.

3 $a \times |a+b|=15=1 \times 15=3 \times 5$이다.

$|a|>1$이므로

$(a, |a+b|)$는 $(3, 5)$이거나 $(5, 3)$이다.

(i) $(a, |a+b|)=(3, 5)$이면

$a=3$이므로 $|a+b|=|3+b|=5$

즉, $3+b=5$ 또는 $3+b=-5$

$\therefore b=2$ 또는 $b=-8$

(ii) $(a, |a+b|)=(5, 3)$이면

$a=5$이므로 $|a+b|=|5+b|=3$

$\therefore b=-2$ 또는 $b=-8$

따라서 가능한 정수 a, b의 순서쌍은

$(3, 2)$, $(3, -8)$, $(5, -2)$, $(5, -8)$이다.

4 (나)에서 $a \times b \times c=-12$이면 절댓값의 곱은 12이다.

즉, $|a| \times |b| \times |c|=12$이다.

곱해서 12가 되고 $|a|<|b|<|c|$를 만족시키는

순서쌍 $(|a|, |b|, |c|)=(1, 2, 6)$, $(1, 3, 4)$이다.

$(|a|, |b|, |c|)=(1, 2, 6)$인 경우

$a+b+c=6$이 되는 (a, b, c)가 없다.

$(|a|, |b|, |c|)=(1, 3, 4)$인 경우

$-1+3+4=6$이 가능하다.

즉, $(-1, 3, 4)$일 때 모든 조건은 만족한다.

$\therefore a=-1$, $b=3$, $c=4$

핵심 문제 03 34쪽

1 ③, ⑤ **2** 9개 **3** $61 \leq A < 62$ **4** 6개

5 도현, 로나

2 $a=\left(-\dfrac{15}{4} \text{에 가장 가까운 정수}\right)=-4$

$b=\left(\dfrac{7}{6} \text{에 가장 가까운 정수}\right)=1$

$a-b=-5$, $|a| \times |b|=4$

따라서 -5 초과 4 이하인 정수의 개수는

-4, -3, -2, -1, 0, 1, 2, 3, 4의 9개

3 k가 정수일 때 $|x| \leq k$를 만족시키는 정수의 개수는 0을 포함한 $(2k+1)$개이므로

$2k+1=123$, $k=61$

$\therefore 61 \leq A < 62$

4 $-6.5 \leq x \leq \dfrac{5}{2}$를 만족시키는 정수 x의 값은

-6, -5, -4, -3, -2, -1, 0, 1, 2

이 중 $1.5 \leq |x| < 7$을 만족시키는 x의 값은

-6, -5, -4, -3, -2, 2

$\therefore$ 6개

5 $|A| > |B|$인 경우는 다음과 같다.

    (i) $A > B > 0$ (ii) $A < B < 0$,

    (iii) $A < 0 < B < |A|$ (iv) $B < 0 < |B| < A$

명수 : (반례) $A=-3$, $B=1$, $C=2$이면 $|B| < C < |A|$이지만 $A < B < C$이다.

응용 문제 03 35쪽

예제 3 $\dfrac{1}{2}$, 4, $\dfrac{1}{a}$, $\dfrac{1}{a^2}$, $\dfrac{1}{a^2}$ / ⑤

1 (1) $\dfrac{1}{c}$, $\dfrac{1}{b}$ (2) $ad < bc$ **2** $-a-1$ **3** ㄴ, ㄷ

4 $a < c < b$

1 (1) $-1 < a < b < 0 < c < d < 1$에서 $\dfrac{1}{a} > \dfrac{1}{b}$, $\dfrac{1}{c} > \dfrac{1}{d}$이고

c와 d는 양수, a와 b는 음수이므로 $\dfrac{1}{c} > \dfrac{1}{d} > \dfrac{1}{a} > \dfrac{1}{b}$

(2) $|a| > |b|$, $|c| < |d|$이므로

$|a| \times |d| > |b| \times |c|$이다.

그런데 ad, bc는 모두 음수이므로 $ad < bc$이다.

2 (i) $-1 < a < 0$일 때, $a=-0.5$를 대입하면

$|a|=0.5$, $a+1=0.5$

$-a+1=1.5$, $-a-1=-0.5$

$\dfrac{1}{a+2}=1 \div (-0.5+2)=\dfrac{2}{3}$

➡ 가장 작은 수 : $-a-1$

(ii) $0 \leq a < 1$일 때, $a=0.5$를 대입하면

$|a|=0.5$, $a+1=1.5$, $-a+1=0.5$, $-a-1=-1.5$

$\dfrac{1}{a+2}=1 \div (0.5+2)=\dfrac{2}{5}$

➡ 가장 작은 수 : $-a-1$

따라서 가장 작은 수는 $-a-1$이다.

3 음수는 작을수록 절댓값이 크므로 $|x| < |y|$

ㄱ. $2y < 2x < 0$이므로 $|2x| < |2y|$

ㄴ. $y-3 < x-3 < 0$이므로 $|x-3| < |y-3|$

ㄷ. $|y|-|x| > 0$이므로 $|y|-|x|+1 > 0$

ㄹ. $|x| > 0$, $|y| > 0$이므로 $|x|+|y|+2 > 0$

4 (가)와 (다)에서 a는 -4와 절댓값이 같다고 하였으므로 $a=-4$ 또는 $a=4$인데, -3.5보다 큰 수이므로 $a=4$임을 알 수 있다.

(나)에서 c는 4보다 크다고 하였으므로 $a < c$이다.

그리고 (가), (라)에서 b는 -3.5보다 크므로 -3.5의 오른쪽에 있다.

그리고 $c>4$이므로 c도 -3.5의 오른쪽에 있다.

그런데, c와 b는 모두 -3.5의 오른쪽에 있는데

수직선 위에서 c가 b보다 -3.5에 가깝다는 것은 c가 b의 왼쪽에 있다는 것이므로 $c<b$

따라서 $a<c<b$이다.

1 5　　　**2** 풀이 참조　　**3** $\dfrac{22}{3}$　　**4** 14.5

5 10

1 $[-2]=-2$, $[-3.7]=-4$, $[1.5]=1$

$[-2]+[-3.7]+[1.5]=-2+(-4)+1=-5$

$\therefore |-5|=5$

2 가운데 원에 들어갈 수는 주어진 수 중 가장 중앙에 있는 값이어야 하므로 $+2$ 이다.

따라서 세 수의 합이 $+6$이 되려면 가운데 $+2$를 제외한 나머지 두 수의 합이 $+4$가 되어야 한다.

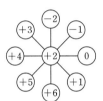

3 $A+\left(-\dfrac{5}{6}\right)=0$에서 $A=\dfrac{5}{6}$

마찬가지 방법으로 $B=2$, $C=-4.5$

$\therefore A+(B-C)=\dfrac{5}{6}+\{2-(-4.5)\}$

$\qquad\qquad\qquad =\dfrac{5}{6}+\dfrac{13}{2}$

$\qquad\qquad\qquad =\dfrac{5}{6}+\dfrac{39}{6}=\dfrac{22}{3}$

4 이날의 최고 기온과 최저 기온의 차는

$4.2-(-4.8)=9(℃)$　　$\therefore a=9$

오전 9시의 기온과 오후 9시의 기온 차는

$3.1-(-2.4)=5.5(℃)$　　$\therefore b=5.5$

$\therefore a+b=14.5$

5 $a=3+(-2)=1$

$b=-1-(-7)=6$

$1\le |x|<6$을 만족시키는 정수 x는

-5, -4, -3, -2, -1, 1, 2, 3, 4, 5이다.

따라서 $5-(-5)=10$

예제 4 336, 0, 0, 3/3

1 $\dfrac{3}{20}$　　**2** 52　　**3** 2개　　**4** -1

1 $\dfrac{1}{30}=\dfrac{1}{5}-\dfrac{1}{6}$, $\dfrac{1}{42}=\dfrac{1}{6}-\dfrac{1}{7}$, $\dfrac{1}{56}=\dfrac{1}{7}-\dfrac{1}{8}$, $\cdots$,

$\dfrac{1}{380}=\dfrac{1}{19}-\dfrac{1}{20}$

$\dfrac{1}{30}+\dfrac{1}{42}+\dfrac{1}{56}+\cdots+\dfrac{1}{380}$

$=\left(\dfrac{1}{5}-\dfrac{1}{6}\right)+\left(\dfrac{1}{6}-\dfrac{1}{7}\right)+\left(\dfrac{1}{7}-\dfrac{1}{8}\right)+\cdots+\left(\dfrac{1}{19}-\dfrac{1}{20}\right)$

$=\dfrac{1}{5}-\dfrac{1}{20}=\dfrac{3}{20}$

2 각 줄의 덧셈식의 값은 $\dfrac{1}{2}$씩 커지므로

$1 \Rightarrow \dfrac{3}{2} \Rightarrow 2 \Rightarrow \dfrac{5}{2} \Rightarrow 3 \Rightarrow \dfrac{7}{2} \Rightarrow 4 \Rightarrow \dfrac{9}{2} \Rightarrow 5 \Rightarrow \cdots$

9번째 줄의 결과는 5이고 분모가 $(9+2)$인 진분수들의 합이다.

따라서 $a=11$

81번째 줄의 덧셈식의 값은 $1+\dfrac{1}{2}\times(81-1)=41$이므로

$b=41$

$\therefore a+b=11+41=52$

3 합이 0인 두 수 중 한 수의 절댓값을 a라 하면 다른 수는 $-a$ 이다.

또한 합이 0인 세 수의 절댓값을 각각 b, $2b$, $3b$라 하면

5개의 정수의 곱의 절댓값은

$a\times a\times b\times 2b\times 3b=6\times a^2\times b^3$이고 $96=6\times 4^2\times 1^3$이므로

$a=4$, $b=1$

5개의 정수의 쌍의 개수는 $(4, -4, 1, 2, -3)$ 또는

$(4, -4, -1, -2, 3)$의 2개이다.

4 $a\ne 0$, $b\ne 0$인 경우를 모두 구하면

$(1, -1)$, $(-1, 1)$, $(1, 1)$, $(-1, -1)$이다.

$(1, -1)$인 경우, $a\triangle b=2\times 1+(-1)=1$

$(-1, 1)$인 경우, $a\triangle b=2\times(-1)+1=-1$

$(1, 1)$인 경우, $a\triangle b=2\times 1+1=3$

$(-1, -1)$인 경우, $a\triangle b=2\times(-1)+(-1)=-3$

그리고 $a=0$ 또는 $b=0$인 경우 $a\triangle b=-4$

따라서 연산 $\triangle$의 결과값 중 최댓값은 3, 최솟값은 -4이므로

$k=3+(-4)=-1$

핵심 문제 05

1 $2 \times a^{2n}$ **2** $\dfrac{19}{90}$ **3** $-\dfrac{28}{5}$ **4** ③

1 n이 자연수일 때, $2n$은 짝수이므로 a^{2n}, $(-a)^{2n}$은 모두 양수이고, 절댓값은 같으므로 $a^{2n}=(-a)^{2n}$이다.

$2n+1$은 홀수이므로 $a^{2n+1}>0$, $(-a)^{2n+1}<0$이다.

두 수의 절댓값은 같으므로 $(-a)^{2n+1}=-a^{2n+1}$이다.

따라서 $a^{2n}+(-a)^{2n}+\{(-a)^{2n+1}+a^{2n+1}\}$

$\quad = 2 \times a^{2n}+0$

$\quad = 2 \times a^{2n}$

2 $\dfrac{1}{4} * \dfrac{1}{4} = \dfrac{\frac{1}{4} \times \frac{1}{4}}{\frac{1}{4}+\frac{1}{4}} = \dfrac{\frac{1}{16}}{\frac{1}{2}} = \dfrac{1}{8}$

$\dfrac{1}{8} * \dfrac{1}{2} = \dfrac{\frac{1}{8} \times \frac{1}{2}}{\frac{1}{8}+\frac{1}{2}} = \dfrac{\frac{1}{16}}{\frac{5}{8}} = \dfrac{1}{10}$

$\left(\dfrac{2}{3} * \dfrac{2}{3}\right) * \dfrac{1}{6} = \left\{\dfrac{\frac{2}{3} \times \frac{2}{3}}{\frac{2}{3}+\frac{2}{3}}\right\} * \dfrac{1}{6} = \dfrac{\frac{4}{9}}{\frac{4}{3}} * \dfrac{1}{6} = \dfrac{1}{3} * \dfrac{1}{6}$

$\quad = \dfrac{\frac{1}{3} \times \frac{1}{6}}{\frac{1}{3}+\frac{1}{6}} = \dfrac{\frac{1}{18}}{\frac{1}{2}} = \dfrac{1}{9}$

$\therefore$ (주어진 식)$=\dfrac{1}{10}+\dfrac{1}{9}=\dfrac{19}{90}$

3 가장 큰 수이려면 곱한 결과가 양수이어야 하므로 음수 중 절댓값이 큰 수 2개와 양수 1개를 곱해서 만든다.

가장 큰 수 : $\left(-\dfrac{7}{2}\right) \times \dfrac{1}{5} \times (-12) = \dfrac{42}{5}$

가장 작은 수이려면 곱한 결과가 음수이어야 하므로 세 음수를 곱해서 만든다.

가장 작은 수 : $\left(-\dfrac{7}{2}\right) \times \left(-\dfrac{1}{3}\right) \times (-12) = -14$

$\therefore \dfrac{42}{5} + (-14) = -\dfrac{28}{5}$

4 $a \times b < 0$, $a < 0$이므로 $b > 0$이다.

① 부호가 다른 두 수의 덧셈은 절댓값의 부호를 따르는데, $|a| > |b|$이므로 $a+b < 0$이다.

② $a^2 > 0$, $b^2 > 0$이므로 $2a^2 + 2b^2 > 0$이다.

③ $|a| > |b|$이므로 $a^2 > b^2$이다. $\therefore a^2 - b^2 > 0$

④ $a^2 > 0$, $b^3 > 0$이므로 $a^2 \div b^3 > 0$

$\quad a^3 < 0$, $b^2 > 0$이므로 $a^3 \times b^2 < 0$

⑤ $b-a > 0$, $a+b < 0$이므로 $(b-a) \times (a+b) < 0$이다.

응용 문제 05

예제 ⑤ $\dfrac{15}{4}$, $\dfrac{15}{4}$, $\dfrac{3}{2}$, $\dfrac{3}{2}$, $\dfrac{5}{4}$ / $\dfrac{5}{4}$

1 $\dfrac{27}{4}$ **2** $2a^2$, $-\dfrac{2}{b}$, $\dfrac{2}{c}$, $\dfrac{2}{a}$, $-2c$

3 5 **4** ③, ⑤

1 (경아의 바둑돌의 변화된 위치)

$= 2 \times \dfrac{3}{2} - 5 \times \dfrac{3}{4} - 3 \times \dfrac{1}{2}$

$= 3 + \left\{\left(-\dfrac{15}{4}\right) + \left(-\dfrac{6}{4}\right)\right\}$

$= \dfrac{12}{4} + \left(-\dfrac{21}{4}\right) = -\dfrac{9}{4}$

(동권이의 바둑돌의 변화된 위치)

$= 5 \times \dfrac{3}{2} - 2 \times \dfrac{3}{4} - 3 \times \dfrac{1}{2}$

$= \dfrac{15}{2} + \left\{\left(-\dfrac{3}{2}\right) + \left(-\dfrac{3}{2}\right)\right\}$

$= \dfrac{15}{2} + \left(-\dfrac{6}{2}\right) = \dfrac{9}{2}$

따라서 두 사람의 바둑돌 사이의 거리는 $\dfrac{9}{2} - \left(-\dfrac{9}{4}\right) = \dfrac{27}{4}$

2 $a \times b \div c > 0$이고 세 수 a, b, c 중 부호가 다른 것이 있으므로 양수 1개, 음수 2개이다. 즉, $c > 0$이므로 a, b는 음수이다.

(i) 양수 $-\dfrac{2}{b}$, $\dfrac{2}{c}$, $2a^2$에서 $2 < |b| < |a| < |c|$이므로

$2a^2 > -\dfrac{2}{b} > \dfrac{2}{c}$

(ii) 음수 $\dfrac{2}{a}$, $-2c$에서 $2 < |b| < |a| < |c|$이므로

$\dfrac{2}{a} > -2c$

따라서 (i), (ii)에 의해 $2a^2 > -\dfrac{2}{b} > \dfrac{2}{c} > \dfrac{2}{a} > -2c$

3 $x \times y < 0$이고, $x - y = 15 > 0$에서 두 수의 부호는 같지 않고 $x > y$이므로 $x > 0$, $y < 0$이다.

x의 절댓값이 y의 절댓값의 2배이므로 원점에서 x를 나타내는 점까지의 거리는 y를 나타내는 점까지의 거리의 2배이다. 수직선에 나타내어 보면 아래와 같다.

$x - y = 15$이므로 원점에서 x까지의 거리는 $15 \times \dfrac{2}{3} = 10$,

원점에서 y까지의 거리는 $15 \times \dfrac{1}{3} = 5$이다.

따라서 $x = 10$, $y = -5$이므로 $x + y = 10 - 5 = 5$

4
③ $-26=11\times(-3)+7 \Rightarrow -26$은 Z_7이 될 수 있다.

④ $-120=11\times(-11)+1 \Rightarrow -120$은 Z_1이 될 수 있다.

⑤ $a\div11=c\cdots5$ (단, c는 정수)

$b\div11=d\cdots6$ (단, d는 정수)라 하면

$a+b=11c+5+11d+6$

$\qquad=11\times(c+d)+11$

$\qquad=11\times(c+d+1)$

$\Rightarrow a+b$는 Z_0가 될 수 있다.

핵심 문제 06
40쪽

1 -17 　　**2** $B<C<A$　**3** $\dfrac{1}{2}$　　　**4** -77

1 $A=-\left(-\dfrac{9}{25}\right)-\left\{\dfrac{25}{4}-4\times\left(-\dfrac{27}{8}+\dfrac{9}{16}\right)\right\}$

$\qquad=\dfrac{9}{25}-\left(\dfrac{25}{4}+\dfrac{54}{4}-\dfrac{9}{4}\right)$

$\qquad=\dfrac{9}{25}-\dfrac{35}{2}=0.36-17.5=-17.14$

따라서 수직선 위에서 A의 값에 대응되는 점과 가장 가까운 정수는 -17이다.

2 $A=-3^2\div\left(\dfrac{3}{2}\right)^2-\left(-\dfrac{2}{3}\right)^3\times81$

$\qquad=-9\times\dfrac{4}{9}-\left(-\dfrac{8}{27}\right)\times81$

$\qquad=-4-(-24)=20$

$B=\left(\dfrac{1}{6}+\dfrac{3}{7}-\dfrac{2}{3}\right)\times42-3\times(-2)$

$\qquad=\dfrac{1}{6}\times42+\dfrac{3}{7}\times42-\dfrac{2}{3}\times42+6$

$\qquad=7+18-28+6=3$

$C=\left(-\dfrac{7}{6}\right)\div\left(-\dfrac{5}{4}\right)\times\dfrac{5}{14}\div\left(\dfrac{2}{5}-\dfrac{3}{10}\right)$

$\qquad=\left(-\dfrac{7}{6}\right)\times\left(-\dfrac{4}{5}\right)\times\dfrac{5}{14}\times10=\dfrac{10}{3}$

$\therefore B<C<A$

3 (좌변) $=60-\left\{\left(\dfrac{5}{2}-9\times\dfrac{4}{3}\right)\times(-8)\right\}+(-6)\times\square$

$\qquad=60-\left\{\left(\dfrac{5}{2}-12\right)\times(-8)\right\}+(-6)\times\square$

$\qquad=60-(-20+96)+(-6)\times\square$

$\qquad=60-76+(-6)\times\square$

$\qquad=-16-6\times\square$

$-16-6\times\square=-19$이므로 $\square=\dfrac{1}{2}$

4 $14\bullet(-1)=14\times(-1)^2-(-1)=15$

$(-4^3)\bullet5=-64\times5^2-5=-1600-5=-1605$

$\therefore 15\,\circledcirc\,(-1605)=-1605\div15+2\times15=-107+30$

$\qquad\qquad\qquad\qquad\qquad=-77$

응용 문제 06
41쪽

예제 **6** 2, 24, 24, 56, 56, 120, 120/120개

1 -10　　**2** $\dfrac{13}{15}$　　**3** -18　　**4** 665

1 $A=\dfrac{9}{8}\times\dfrac{12}{5}-9\times\left(\dfrac{4}{3}-\dfrac{1}{2}\right)=-4\dfrac{4}{5}$이므로

A보다 큰 음의 정수는 $-4, -3, -2, -1$이다.

$\therefore(-4)+(-3)+(-2)+(-1)=-10$

2 이웃한 두 수 사이의 간격은 $\left\{\dfrac{3}{5}-\left(-\dfrac{4}{5}\right)\right\}\div3=\dfrac{7}{15}$이므로

$\square$ 안의 수를 차례로 구하면

$-\dfrac{4}{5}+\dfrac{7}{15}=-\dfrac{5}{15}$, $-\dfrac{5}{15}+\dfrac{7}{15}=\dfrac{2}{15}$, $\dfrac{3}{5}+\dfrac{7}{15}=1\dfrac{1}{15}$

따라서 $\square$ 안에 알맞은 세 수의 합은

$-\dfrac{5}{15}+\dfrac{2}{15}+1\dfrac{1}{15}=\dfrac{13}{15}$

3 (주어진 식) $=(-4)^2\div(-2)-5\times2-0^2$

$\qquad\qquad\quad=16\div(-2)-10$

$\qquad\qquad\quad=(-8)-10$

$\qquad\qquad\quad=-18$

4 $A=(-1)^2\times1+(-1)^3\times2+(-1)^4\times3+(-1)^5\times4+$

$\qquad\cdots+(-1)^{101}\times100$

$\quad=\{1+(-2)\}+\{3+(-4)\}+\cdots+\{99+(-100)\}$

$\quad=-1\times50=-50$

$B=\dfrac{123\times3456-123\times2222+123\times4321}{1111}$

$\quad=\dfrac{123\times(3456-2222+4321)}{1111}$

$\quad=\dfrac{123\times5555}{1111}=123\times5=615$

$\therefore |A-B|=|-50-615|=665$

심화 문제

42~47쪽

01 0	**02** x, $-y$, y, $-x$	**03** $\dfrac{9}{10}$
04 13	**05** -11	**06** 0	**07** $2b$
08 $(1,\ 60)$, $(3,\ 10)$	**09** -4	**10** $A>B>C$
11 0	**12** $\dfrac{7}{15}$	**13** $a<0$, $b<0$, $c<0$, $d<0$
14 590	**15** 10	**16** 35	**17** 46개
18 27, $(50,\ 125000)$		

01 $a=-\dfrac{1}{3}$이므로 $-a=\dfrac{1}{3}$, $a^2=\dfrac{1}{9}$, $-a^2=-\dfrac{1}{9}$, $\dfrac{1}{a}=-3$,

$-\dfrac{1}{a}=3$, $\dfrac{1}{a^2}=9$, $-\dfrac{1}{a^2}=-9$

따라서 가장 작은 수는 -9, 가장 큰 수는 9

∴ $-9+9=0$

02 $x>0$, $y<0$, $x+y>0$에서

(x의 절댓값)$>$(y의 절댓값)이다.

∴ $x>-y>y>-x$

03 (주어진 식)$=\dfrac{1}{1\times2}+\dfrac{1}{2\times3}+\dfrac{1}{3\times4}+\cdots+\dfrac{1}{9\times10}$

$=\left(1-\dfrac{1}{2}\right)+\left(\dfrac{1}{2}-\dfrac{1}{3}\right)+\left(\dfrac{1}{3}-\dfrac{1}{4}\right)+\cdots+\left(\dfrac{1}{9}-\dfrac{1}{10}\right)$

$=1-\dfrac{1}{10}=\dfrac{9}{10}$

04 2번째 줄 : $1+1=2^1=2^{2-1}$

3번째 줄 : $1+2+1=4=2^2=2^{3-1}$

4번째 줄 : $1+3+3+1=8=2^3=2^{4-1}$

⋮

n번째 줄 : $2^{n-1}=2^{12}$

∴ $n=13$

05 $b\times c=10\times a+2$ ⋯ ㉠, $b-2=a$ ⋯ ㉡, $c-2=6$ ⋯ ㉢

㉢에서 $c=2+6=8$을 ㉠에 대입하면

$8\times b=10\times a+2$ ⋯ ㉣

㉣에서 ㉡을 대입하면

$8\times b=10\times(b-2)+2$

∴ $b=9$, $a=7$

∴ $b+c-4\times a=9+8-4\times7=-11$

06 $\dfrac{7}{12}=\dfrac{58}{100}+a$

$a=\dfrac{7}{12}-\dfrac{58}{100}=\dfrac{175}{300}-\dfrac{174}{300}=\dfrac{1}{300}$

∴ $600a-2=600\times\dfrac{1}{300}-2=0$

07 m은 짝수, n은 홀수이므로 $m\times n$은 짝수, $m+n$은 홀수,

$m-n$은 홀수, $2\times n$은 짝수이다.

∴ (주어진 식)$=1\times(-1)\times\{(-1)\times(a+b)+1\times(a-b)\}$

$=-(-a-b+a-b)=2b$

08 $b\geq a$, $a(b+15)=75$이므로

$(a,\ b+15)=(1,\ 75),\ (3,\ 25),\ (5,\ 15)$

∴ $(a,\ b)=(1,\ 60),\ (3,\ 10)$

09 $A=-\left\{-\dfrac{3}{2}\times\left(-\dfrac{247}{108}\right)+\dfrac{4}{9}\right\}+\dfrac{1}{8}$

$=-\left(\dfrac{247}{72}+\dfrac{4}{9}\right)+\dfrac{1}{8}=-\dfrac{279}{72}+\dfrac{1}{8}$

$=-\dfrac{15}{4}=-3.75$

따라서 A의 값에 가장 가까운 정수는 -4이다.

10 $A=16\times\dfrac{15}{16}\div\dfrac{3}{2}=10$,

$B=42\times\left(-\dfrac{13}{42}\right)+12=-13+12=-1$

$C=\dfrac{6}{7}\times\dfrac{3}{4}\times\dfrac{15}{4}\times\left(-\dfrac{14}{27}\right)=-\dfrac{5}{4}$

∴ $A>B>C$

11 (i) n이 짝수이면 $n+1$, $n+3$은 홀수, $n+2$는 짝수

∴ (주어진 식)$=1+(-1)+(-1)-(-1)=0$

(ii) n이 홀수이면 $n+1$, $n+3$은 짝수, $n+2$는 홀수

∴ (주어진 식)$=(-1)+(+1)+(-1)-(-1)=0$

(i), (ii)에서 주어진 식은 항상 0이다.

12 (주어진 식)

$=\left\{\left(1-\dfrac{1}{3}\right)+\left(\dfrac{1}{3}-\dfrac{1}{5}\right)+\left(\dfrac{1}{5}-\dfrac{1}{7}\right)+\left(\dfrac{1}{7}-\dfrac{1}{9}\right)\right.$

$+\left(\dfrac{1}{9}-\dfrac{1}{11}\right)+\left(\dfrac{1}{11}-\dfrac{1}{13}\right)+\left.\left(\dfrac{1}{13}-\dfrac{1}{15}\right)\right\}\times\dfrac{1}{2}$

$=\left(1-\dfrac{1}{15}\right)\times\dfrac{1}{2}=\dfrac{14}{15}\times\dfrac{1}{2}=\dfrac{7}{15}$

13 $a\times b\times c\times d>0$이므로 a, b, c, d 중 음수의 개수는 0개

또는 2개 또는 4개임을 알 수 있다.

$a+b<0$에서 a 또는 b 중 적어도 한 수는 음수이고 $a<c<d$

에서 a는 음수임을 알 수 있다.

또, $a\times b\times c<0$에서 $a<0$이므로 b, c는 모두 음수 아니면

모두 양수이다.

b, c가 모두 양수이면 $a<c<d$에서 $d>0$

즉, $a<0$, $b>0$, $c>0$, $d>0$이므로 $a\times b\times c\times d>0$의

조건에 맞지 않는다.

∴ $a<0$, $b<0$, $c<0$, $d<0$

14 a의 최댓값은 b, c, d가 각각 최대일 때이다.

d의 최댓값은 $d<100$에서 99이고,

$c<3d$에서 $c<3\times99=297$이므로 c의 최댓값은 296

$b<2c$에서 $b<2\times296=592$이므로 b의 최댓값은 591

또한, $a<b$이므로 $a<591$

따라서 네 개의 식을 모두 만족하는 a의 값 중에서 가장 큰 것은 590이다.

15 (i) $\dfrac{17}{65}=\dfrac{1}{\dfrac{65}{17}}=\dfrac{1}{3+\dfrac{14}{17}}$ $\therefore a=3$

  (ii) $\dfrac{14}{17}=\dfrac{1}{\dfrac{17}{14}}=\dfrac{1}{1+\dfrac{3}{14}}$ $\therefore b=1$

  (iii) $\dfrac{3}{14}=\dfrac{1}{\dfrac{14}{3}}=\dfrac{1}{4+\dfrac{2}{3}}$ $\therefore c=4$

  (iv) $\dfrac{2}{3}=\dfrac{1}{\dfrac{3}{2}}=\dfrac{1}{1+\dfrac{1}{2}}$ $\therefore d=2$

$\therefore a+b+c+d=3+1+4+2=10$

16 $64260=2^2\times3^3\times5\times7\times17$
$=(2\times3^2)\times(3\times5)\times(2\times7)\times17$

이고, 합이 2이므로 네 수는 18, 15, -14, -17임을 알 수 있다.

따라서 가장 큰 수 $a=18$, 가장 작은 수 $b=-17$이므로
$a-b=18-(-17)=35$

17 두 점 A와 D 사이의 거리가 7.5이고, 두 점 A와 D 사이에 두 점 B, C가 같은 간격으로 놓여 있으므로 이웃하는 두 점 사이의 거리는 $7.5\div3=2.5$

즉, 세 점 B, C, E가 나타내는 수는 각각 0.5, 3, 8이므로
$a=3$, $b=8$

이때 $\dfrac{3}{7}<\dfrac{24}{x}<\dfrac{8}{3}$이므로 세 분수의 분자를 24가 되도록 하면

$\dfrac{24}{56}<\dfrac{24}{x}<\dfrac{24}{9}$ $\therefore 9<x<56$

따라서 이를 만족시키는 자연수 x는 10, 11, 12, $\cdots$, 55의 46개이다.

18 $(-1,-1)$, $(0,0)$, $(1,1)$에서는 두 수의 부호가 같고, 절댓값이 같다고 생각할 수 있다. 그런데 네 번째 괄호 $(2,8)$에서 절댓값은 같지 않음을 알 수 있다.

그리고 1, 0은 거듭제곱을 하여도 절댓값이 변하지 않으므로 거듭제곱이 가능하고, 8은 2의 세제곱이므로 순서쌍 안의 두 수의 관계는 (a,a^3)임을 알 수 있다. 그러므로 $(3,a)$에서 $a=3^3=27$이다.

$n\geq2$일 때, n번째 순서쌍은 $(n-2,(n-2)^3)$의 꼴이므로 또한 52번째 순서쌍은 $(50,50^3)=(50,125000)$

01 32	**02** -11	**03** 2024
04 $a>0$, $b<0$	**05** $10+\dfrac{n}{2}\leq A\leq11+\dfrac{n}{2}$	
06 -2	**07** 27	**08** 40
09 4	**10** $x=2$, $y=3$, $z=6$	**11** 8
12 풀이 참조	**13** 32	**14** 9	**15** 127번째
16 1	**17** 392	**18** 10

01 $16=6\times2+4$ $\therefore \langle16\rangle=4$

$-14=6\times(-3)+4$ $\therefore \langle-14\rangle=4$

$55=6\times9+1$ $\therefore \langle55\rangle=1$

$-33=6\times(-6)+3$ $\therefore \langle-33\rangle=3$

$(\langle16\rangle+\langle-14\rangle)\times(\langle55\rangle+\langle-33\rangle)$
$=(4+4)\times(1+3)$
$=8\times4$
$=32$

02 $xy<0$, $x-y<0$에서 $x<0<y$이다.

-3×5	-2×5	-1×5
-3×3	-2×3	-1×3
-3×2	-2×2	-1×2
-3×1	-2×1	-1×1

xy가 음수가 되는 것 중 $x+y$, $x-y$가 모두 음수가 되는 것을 찾는다면 -6, -3, -2이다.

$\therefore -6-3-2=-11$

03 $\left[\dfrac{2025!+2022!}{2024!+2023!}\right]=\left[\dfrac{2025\times2024\times2023!+\dfrac{2023!}{2023}}{2024\times2023!+2023!}\right]$

$=\left[\dfrac{2023!\times\left(2025\times2024+\dfrac{1}{2023}\right)}{2023!\times(2024+1)}\right]$

$=\left[\dfrac{2025\times2024+\dfrac{1}{2023}}{2025}\right]$

$=\left[2024+\dfrac{1}{2025\times2023}\right]$

$=2024$

04 $a^+=b^-$이므로 a, b는 서로 다른 부호이고, $a>b$에서 $a>0$, $b<0$이다.

05 연속한 정수의 평균은 처음 수와 마지막 수의 합을 2로 나눈 것과 같다.

A의 최솟값은 $(10+n)$을 뺀 나머지의 평균이므로

$$A=\frac{11+(10+n-1)}{2}=10+\frac{n}{2}$$

A의 최댓값은 11을 뺀 나머지의 평균이므로

$$A=\frac{12+(10+n)}{2}=11+\frac{n}{2}$$

$$\therefore 10+\frac{n}{2}\le A\le 11+\frac{n}{2}$$

06 합이 음수이려면 음수의 개수가 양수의 개수보다 많아야 하고, 그런 경우 중 $a+e$가 가장 큰 값을 가지는 경우는 다음 그림과 같은 경우이다.

$$\therefore a+e=-3+1=-2$$

07 $\frac{6}{100}<\frac{b}{a}<\frac{7}{100}$에서 $\frac{6a}{100}<b<\frac{7a}{100}$,

$$\frac{6}{100}\times 20<\frac{6a}{100}<b<\frac{7a}{100}<\frac{7}{100}\times 30$$

$$\therefore \frac{12}{10}<b<\frac{21}{10} \qquad \therefore b=2$$

$\frac{6}{100}<\frac{2}{a}<\frac{7}{100}$에서

$$28.5\cdots=\frac{200}{7}<a<\frac{200}{6}=33.3\cdots \qquad \therefore a=29$$

$$\therefore a-b=29-2=27$$

08 a는 2 또는 -2, b는 3 또는 -3, c는 5 또는 -5이므로 $a+b+c$의 값을 구하면 다음 표와 같다.

a	b	c	$a+b+c$
2	3	5	10
2	3	-5	0
2	-3	5	4
2	-3	-5	-6
-2	3	5	6
-2	3	-5	-4
-2	-3	5	0
-2	-3	-5	-10

따라서 $a+b+c$의 값이 될 수 있는 수들의 절댓값을 더하면

$$(10+0+4+6)\times 2=40$$

09 ①+②+③+④+⋯+⑳

$$=1+2+6+24+120+720+5040+40320$$
$$+362880+3628800+\cdots$$

따라서 ①~④의 합 33에서 일의 자리의 숫자는 3이고, ①~⑨까지의 합에서 십의 자리의 숫자가 1임을 알 수 있다.

$$\therefore 1+3=4$$

10 (i) $x=1$일 때, $\frac{1}{y}+\frac{1}{z}=0$이므로 주어진 식을 만족하는 자연수 y, z는 존재하지 않는다.

(ii) $x=2$일 때, $\frac{1}{y}+\frac{1}{z}=\frac{1}{2}$에서 $y=3$이면 $\frac{1}{z}=\frac{1}{6}$

$$\therefore z=6$$

$y\ge 4$일 때, $\frac{1}{y}+\frac{1}{z}<\frac{1}{4}+\frac{1}{4}=\frac{1}{2}$이므로 주어진 식을 만족하는 자연수 z는 존재하지 않는다.

(iii) $x\ge 3$일 때, $\frac{1}{x}+\frac{1}{y}+\frac{1}{z}<\frac{1}{3}+\frac{1}{3}+\frac{1}{3}=1$이므로 주어진 식을 만족하는 자연수 y, z는 존재하지 않는다.

따라서 (i), (ii), (iii)에 의하여 $x=2$, $y=3$, $z=6$

11 $A=0.1+0.02+0.003+\cdots+0.0000007+0.00000008$
$$+0.000000009+0.0000000010+\cdots$$
$$=0.123456790123\cdots$$

따라서 들어 있지 않은 숫자는 8이다.

12 $\frac{1}{2^2}+\frac{1}{3^2}+\frac{1}{4^2}+\cdots+\frac{1}{2024^2}$

$$<\frac{1}{1\times 2}+\frac{1}{2\times 3}+\frac{1}{3\times 4}+\cdots+\frac{1}{2023\times 2024}$$

$$=\left(1-\frac{1}{2}\right)+\left(\frac{1}{2}-\frac{1}{3}\right)+\left(\frac{1}{3}-\frac{1}{4}\right)+\cdots+\left(\frac{1}{2023}-\frac{1}{2024}\right)$$

$$=1-\frac{1}{2024}=\frac{2023}{2024}$$

$$\therefore \frac{1}{2^2}+\frac{1}{3^2}+\frac{1}{4^2}+\cdots+\frac{1}{2024^2}<\frac{2023}{2024}$$

13 a, b, c, d가 서로 다른 네 정수이므로 $8-a$, $8-b$, $8-c$, $8-d$도 서로 다른 네 정수이다.

$(8-a)\times(8-b)\times(8-c)\times(8-d)=9$가 성립하려면 $8-a$, $8-b$, $8-c$, $8-d$는 순서에 상관없이 -3, -1, 1, 3 중에서 하나이므로

$(8-a)+(8-b)+(8-c)+(8-d)$
$$=-3+(-1)+1+3$$
$$32-(a+b+c+d)=0$$

$$\therefore a+b+c+d=32$$

14 다섯 자리의 수 m의 각 자리의 숫자를 a, b, c, d, e라 하고, m과 n을 $k\times 10^l$ (k, l은 자연수)의 꼴의 합으로 나타내면

$$m=a\times 10^4+b\times 10^3+c\times 10^2+d\times 10+e$$
$$n=b\times 10^4+c\times 10^3+d\times 10^2+e\times 10+a$$

$\therefore m-n=a\times 9999+b\times(-9000)+c\times(-900)$
$$+d\times(-90)+e\times(-9)$$

$$=9\times(a\times 1111-b\times 1000-c\times 100$$
$$-d\times 10-e)$$

따라서 $m-n$의 절댓값은 반드시 9로 항상 나누어 떨어진다.

15 n번째 괄호마다 분모는 n, $(n-1)$, ⋯, 1로 작아지고 분자는 1, 2, ⋯, n으로 커지는 규칙이 있다.

또한 (분모)＋(분자)＝$n+1$임을 알 수 있다.

주어진 수 $\dfrac{7}{9}$은 분자와 분모를 더한 합이 16이므로

$16-1=15$(번째) 괄호에 속한 수이다.

그리고 분자가 7이므로 15번째 괄호 안에서 7번째 수이다.

식을 세우면,

$1+2+\cdots+15+7=\dfrac{15\times(1+15)}{2}+7=127$이다.

즉, $\dfrac{7}{9}$은 127번째 수이다.

16 주어진 표에 들어가는 9개의 수의 합은

$\left(-\dfrac{3}{4}\right)+\left(-\dfrac{1}{4}\right)+\dfrac{5}{4}+\left(-\dfrac{1}{2}\right)+0+\dfrac{1}{4}+\dfrac{1}{2}+\dfrac{3}{4}+1$

$=\dfrac{9}{4}$

즉 가로, 세로, 대각선에 있는 세 수의 합은 각각

$\dfrac{9}{4}\times\dfrac{1}{3}=\dfrac{3}{4}$으로 모두 같다.

	$-\dfrac{3}{4}$	A
$-\dfrac{1}{4}$	㉠	
㉡	$\dfrac{5}{4}$	B

㉠＋$\left(-\dfrac{3}{4}\right)+\dfrac{5}{4}=\dfrac{3}{4}$에서 ㉠＝$\dfrac{1}{4}$

㉡＋$\dfrac{1}{4}+A=$㉡＋$\dfrac{5}{4}+B$

$\therefore A-B=\dfrac{5}{4}-\dfrac{1}{4}=1$

17 $2a+c<b<10$이므로 $2a+c<10$이다. $\quad \therefore a<5$

(i) $a=4$일 때, $2a+c=8+c$이고 $c>0$인 자연수이므로

$9\leq 8+c<b$이다. 그런데 $b>9$이므로 $a\neq 4$

(ii) $a=3$일 때, $2a+c=6+c$이므로

$6+c<b<10$에서 $c<3$

$a=3$, $c=2$일 때, $b>8$이고 $b=9$이므로

모든 조건을 만족한다.

따라서 가장 큰 수 N은 392이다.

18 점 X와 두 점 A, B와의 거리의 비가 5：6이므로 점 X와 점 A 사이의 거리는 점 A와 점 B 사이의 거리의 5배가 되면 된다.

$A\left(-\dfrac{1}{2}\right)$, $B\left(\dfrac{4}{3}\right)$이므로 점 A와 점 B 사이의 거리는

$-\dfrac{4}{3}-\left(-\dfrac{1}{2}\right)=\dfrac{8+3}{6}=\dfrac{11}{6}$이고

점 X의 좌표는

$-\dfrac{1}{2}-5\times\dfrac{11}{6}=-\dfrac{3}{6}-\dfrac{55}{6}=-\dfrac{58}{6}=-\dfrac{29}{3}$이므로

$a=-\dfrac{29}{3}$

점 Y의 좌표는

$-\dfrac{1}{2}+\dfrac{11}{6}\times\dfrac{5}{11}=-\dfrac{1}{2}+\dfrac{5}{6}=\dfrac{2}{6}=\dfrac{1}{3}$이므로 $b=\dfrac{1}{3}$

$\therefore b-a=\dfrac{1}{3}-\left(-\dfrac{29}{3}\right)=\dfrac{30}{3}=10$

01 360초 후   **02** 8개   **03** 180개   **04** 375

05 116   **06** 71   **07** 18개   **08** 3

09 12개

01 망아지는 강아지보다 1초에 2 m씩 빨리 가므로 망아지와 강아지가 처음으로 만나는 것은 36초 후이고, 다음부터는 108초 간격으로 만난다.

즉, 36, 144, 252, 360, 468, 576초, … 후

송아지는 강아지보다 1초에 1 m씩 빨리 가므로 송아지와 강아지가 처음으로 만나는 것은 144초 후이고, 다음부터는 216초 간격으로 만난다.

즉, 144, 360, 576초, … 후

따라서 세 동물이 두 번째로 같은 점에서 만나는 것은 출발한 지 360초 후이다.

02 $abcabcabc=abc\times 1001001$이고

$1001001=3\times 333667$이므로

$abcabcabc$를 소인수분해하면

$abcabcabc=3\times 333667\times abc$이므로

$abcabcabc$의 약수의 개수는 $2\times 2\times 2=8$(개)이다.

|참고| $abcabcabc$의 약수 : 1, 3, abc, $3\times abc$, 333667, 1001001,

$\dfrac{abcabcabc}{3}$, $abcabcabc$(8개)

03 $100=2^2\times 5^2$이므로 1보다 작은 $\dfrac{10x+y}{100}$가 분모가 100인 기약분수가 되려면 $10x+y$가 2 또는 5를 인수로 갖지 않아야 한다.

$x=1$일 때, $y=1, 3, 7, 9, \cdots, 81, 83, 87, 89$($4\times 9$개)

$x=2$일 때, $y=1, 3, 7, 9, \cdots, 71, 73, 77, 79$($4\times 8$개)

$\vdots$

$x=9$일 때, $y=1, 3, 7, 9$(4×1개)

따라서 구하는 순서쌍 (x, y)의 개수는

$4\times 9+4\times 8+\cdots+4\times 1=4(9+8+\cdots+1)=4\times 45$

$\qquad\qquad =180$(개)

04 $105=3\times 5\times 7$

(i) a와 105의 최대공약수가 15이므로 a는 15의 배수이고 7의 배수는 아니다.

(ii) b와 105의 최대공약수가 35이므로 b는 35의 배수이고 3의 배수는 아니다.

(iii) a와 b의 최대공약수가 25이므로 a와 b는 둘 다 25의 배수이다.

따라서 $a=3\times5^2$의 배수이고 7의 배수는 아니다.

$b=7\times5^2$의 배수이고 3의 배수는 아니다.

$2100=2^2\times3\times5^2\times7$

또, a와 b의 최소공배수는 2100이므로 a와 b는 2100의 약수이다.

따라서 $a=3\times5^2=75$일 때, $b=7\times5^2\times2^2=700$

$a=3\times5^2\times2^2=300$일 때, $b=7\times5^2=175$

$\therefore 75+300=375$

05 구하려는 세 자리의 자연수 N의 약수를 $a_1, a_2, a_3, \cdots, a_{k-1}$, a_k라 하면 (단, $a_1<a_2<a_3<\cdots<a_{k-1}<a_k$)

$\dfrac{N}{a_k}, \dfrac{N}{a_{k-1}}, \cdots, \dfrac{N}{a_3}, \dfrac{N}{a_2}, \dfrac{N}{a_1}$도 N의 약수이다.

그런데 약수들을 모두 곱한 값과 자기 자신을 세제곱한 값이 같으려면

$(a_1\times a_k)\times(a_2\times a_{k-1})\times(a_3\times a_{k-2})=N^3$의 꼴이 되어야 하므로 자연수 N의 약수의 개수는 6개이다.

(例 18^3일 때, $1\times18=18$, $2\times9=18$, $3\times6=18$)

따라서 $N=p^5$ 또는 $N=p^2\times q$(단, p, q는 서로 다른 소수)

(ⅰ) $N=p^5$인 경우

　① $p=2$이면 $N=2^5=32$

　② $p=3$이면 $N=3^5=243$

(ⅱ) $N=p^2\times q$인 경우

　① $p=2$일 때

q	3	5	7	11	13	17	19	23	29
N	12	20	28	44	52	68	76	92	116

　② $p=3$일 때

q	2	5	7	11	13
N	18	45	63	99	117

　③ $p=5$일 때

q	2	3	7
N	50	75	175

　④ $p=7$일 때

　　$q=2$이면 $N=7^2\times2=98$

　　$q=3$이면 $N=7^2\times3=147$

　⑤ p가 7보다 큰 소수이면 N의 값이 세 자리의 자연수가 200보다 큰 자연수가 되므로 조건에 맞지 않다.

따라서 가장 작은 세 자리 자연수 $N=2^2\times29=116$이다.

06 (주어진 식)$=\dfrac{15}{16}\times\dfrac{24}{25}\times\dfrac{35}{36}\times\cdots\times\dfrac{840}{841}\times\dfrac{899}{900}$

$=\left(\dfrac{3}{4}\times\dfrac{5}{4}\right)\times\left(\dfrac{4}{5}\times\dfrac{6}{5}\right)\times\left(\dfrac{5}{6}\times\dfrac{7}{6}\right)\times\cdots$

$\times\left(\dfrac{28}{29}\times\dfrac{30}{29}\right)\times\left(\dfrac{29}{30}\times\dfrac{31}{30}\right)$

$=\dfrac{3}{4}\times\dfrac{31}{30}=\dfrac{31}{40}$

따라서 $m=31$, $n=40$이므로 $m+n$의 최솟값은

$31+40=71$

07 $a\times b=0$, $a\times c<0$에서 $b=0$

$a\times c<0$, $a-c>0$에서 $a>0$, $c<0$

$a+c>0$이므로 a는 c보다 절댓값이 크다.

따라서 세 수 a, b, c는

$c=-1$일 때, $a=2, 3, 4, 5, 6, 7$　　$b=0$

$c=-2$일 때, $a=3, 4, 5, 6, 7$　　$b=0$

$c=-3$일 때, $a=4, 5, 6, 7$　　$b=0$

$c=-4$일 때, $a=5, 6, 7$　　$b=0$

따라서 순서쌍 (a, b, c)의 개수는 $6+5+4+3=18$(개)

08 (가)에서 $a<0$, $b<0$, $c>0$이고

(다)에서 $|a|<|b|<|c|$이므로

$a+b<0$, $a+c>0$, $b-c<0$

$\therefore |a|+|b|-|c|-|a+b|-|a+c|+|b-c|$

$=-a-b-c+(a+b)-(a+c)-(b-c)$

$=-a-b-c+a+b-a-c-b+c$

$=-a-b-c=-(a+b+c)$

따라서 (나)에서 $a+b+c=-3$이므로

$-(a+b+c)=-(-3)=3$

09 조건을 만족하는 자연수 A는 480의 약수이면서 A^2은 45의 배수이어야 한다.

이때 $480=2^5\times3\times5$이고 $45=3^2\times5$이므로 자연수 A는 반드시 소인수 3, 5를 포함한 480의 약수이어야 한다.

따라서 자연수 A는 15, 15×2, 15×2^2, 15×2^3, 15×2^4, 15×2^5의 6개이다.

또한 위의 자연수 A에 대하여 $-A$도 조건을 만족하므로 구하는 정수 A의 개수는 $6\times2=12$(개)이다.

Ⅱ. 문자와 식

1 문자의 사용과 식의 계산

58쪽
핵심 문제 01

1 ③   **2** ④   **3** 23

1 ③ $(-2)^2 \times m \div (n-3) = \dfrac{4m}{n-3}$

2 $a \div (2 \times b) \times \{3 \times c \div (d \div e)\} \times (-1)$

$= a \times \dfrac{1}{2b} \times \left(3c \div \dfrac{d}{e}\right) \times (-1)$

$= a \times \dfrac{1}{2b} \times \left(3c \times \dfrac{e}{d}\right) \times (-1)$

$= -\dfrac{a \times 3c \times e}{2b \times d} = -\dfrac{3ace}{2bd}$

3 ㄷ. $(5000-50x)$원

ㄹ. $|3a-6b|$ cm

ㅂ. 5명씩 앉은 의자 수는 $(a-2)$개이므로 의자에 앉은 사람 수는 $5(a-2)+3=5a-7$(명)

따라서 옳지 않은 것들의 오른쪽에 쓰여진 수들의 합을 구하면 $5+7+11=23$

59쪽
응용 문제 01

예제 **1** 2, 2, 4, 8, 8, 320, 8, 320, 328/328

1 $10a+12b+10$ **2** ⑤   **3** $\dfrac{2ab}{a+b}$

4 $\dfrac{5}{3}a$, $\dfrac{4}{3}a$

1 $\overline{BC}=5a+3$이므로 $\overline{AH}+\overline{GF}+\overline{ED}=5a+3$

점 F에서 변 BC에 내린 수선의 발을 점 I라고 하면

$\overline{FI}=(5b+2)-(2b+1)=3b+1$

$\overline{HG}=(4b+1)-(3b+1)=b$

따라서 도형의 둘레의 길이는

$(5a+3) \times 2 + (5b+2)+(2b+1)+b+(4b+1)$

$=10a+6+12b+4=10a+12b+10$

2 (a원에 x % 이익을 붙인 정가)$=a\left(1+\dfrac{x}{100}\right)$

(정가의 r % 할인)

$=$(정가)$\times \left(1-\dfrac{r}{100}\right)=a\left(1+\dfrac{x}{100}\right)\left(1-\dfrac{r}{100}\right)$

3 (왕복하는 데 걸린 시간)$=\dfrac{30}{a}+\dfrac{30}{b}=\dfrac{30(a+b)}{ab}$

(총 이동한 거리)$=30+30=60$(km)

∴ (평균 속력)$=$(총 이동한 거리)$\div$(총 걸린 시간)

$=60 \div \dfrac{30(a+b)}{ab}=\dfrac{2ab}{a+b}$

4 정사각형 A, B, C, D, E의 한 변의 길이를 각각 a, b, c, d, e라 할 때

$a=3d \Rightarrow d=\dfrac{1}{3}a$

$2e=a+\dfrac{1}{3}a=\dfrac{4}{3}a \Rightarrow e=\dfrac{2}{3}a$

$c=2e=\dfrac{4}{3}a$

$b=a+e=a+\dfrac{2}{3}a=\dfrac{5}{3}a$

60쪽
핵심 문제 02

1 ⑤   **2** 4   **3** $S=\dfrac{3(x+y)}{2}$, 75

4 1715 m

1 $x=-1$, $y=3$을 각각 대입한 식의 값은 다음과 같다.

① $-\dfrac{1}{3}$ ② 4   ③ $-\dfrac{7}{2}$

④ -2 ⑤ 10

2 B2 셀에 3을 넣으면 $5k=3$, $k=\dfrac{3}{5}$

결과값은 $25k^3-5k^2-k+1$에 $k=\dfrac{3}{5}$을 대입한 값과 같으므로

$25 \times \left(\dfrac{3}{5}\right)^3 - 5 \times \left(\dfrac{3}{5}\right)^2 - \dfrac{3}{5}+1$

$=25 \times \dfrac{27}{125}-5 \times \dfrac{9}{25}-\dfrac{3}{5}+1$

$=\dfrac{27}{5}-\dfrac{9}{5}-\dfrac{3}{5}+1$

$=4$

3 $S=\dfrac{1}{2} \times (x+y) \times 3 = \dfrac{3(x+y)}{2}$

$x=10$, $y=40$일 때의 $S=\dfrac{3(10+40)}{2}=75$

4 화씨 68 °F를 섭씨온도로 나타내면

$\dfrac{5}{9} \times (68-32)=20$(°C)

기온이 20 °C일 때의 소리의 속력은

$331+0.6 \times 20=343$(m/s)

따라서 A지점과 B지점 사이의 거리는 $343 \times 5=1715$(m)

응용문제 02

61쪽

예제 ② $\dfrac{4}{5}$, $\dfrac{8}{25}$, $\dfrac{57}{25}$ / $\dfrac{57}{25}$

1 11   **2** (1) $\{0.95a+1.1(x-a)\}$명   (2) 312명

3 4   **4** (1) 39   (2) $m^2(2n-1)$ (3) 1900

1
$$\dfrac{-4\times\left(-\dfrac{1}{2}\right)^3+3\times\left(\dfrac{2}{3}\right)^2}{-\dfrac{1}{2}+\dfrac{2}{3}}=\dfrac{-4\times\left(-\dfrac{1}{8}\right)+3\times\dfrac{4}{9}}{\dfrac{1}{6}}$$
$$=\left(\dfrac{1}{2}+\dfrac{4}{3}\right)\times 6$$
$$=\dfrac{11}{6}\times 6=11$$

2 (1) 작년 남학생 수가 a명이면 작년 여학생 수는 $(x-a)$명이 므로 올해 남학생 수는 $a(1-0.05)$명, 올해 여학생 수는 $(x-a)(1+0.1)$명이다.
따라서 올해 전체 학생 수는 $0.95a+1.1(x-a)$명이다.
(2) $0.95a+1.1(x-a)$
$=0.95\times120+1.1(300-120)$
$=114+198=312$

3 주영 : $x-y=8-2z$이므로
$$\dfrac{x-y+2}{5-z}=\dfrac{8-2z+2}{5-z}=\dfrac{2(5-z)}{5-z}=2$$
경호 : $b=2+4\div[5\times2\div\{3+6\div(1+2)\}]$
$=2+4\div\{10\div(3+2)\}$
$=2+4\div2=4$

4 (1) 첫 번째의 행은 홀수이므로 왼쪽으로부터 n번째 수는 $2n-1$이다.
∴ $2\times20-1=39$
(2) 1행, 2행, 3행, 4행, …, m행의 첫 번째 열은 m^2
따라서 m행의 왼쪽으로부터 n번째 수는 $m^2(2n-1)$
(3) $m^2(2n-1)=10^2\times(2\times10-1)=1900$

핵심문제 03

62쪽

1 3명   **2** $a=3$, $b\neq1$

3 총 경비 : $(x+40y+220000)$원,
1명당 내야 할 금액 : $\left(\dfrac{1}{20}x+2y+11000\right)$원

4 $(96+32n)\,\mathrm{cm}^2$

---

1 다슬 : $3xy^2=3\times x\times y\times y$, $4x^2y=4\times x\times x\times y$이므로 동류항이 아니다.

명진 : $3m-8n+4mn+1$에서 m과 n의 계수의 합은 -5 이다.

수연 : $x=2$, $y=\dfrac{1}{2}$, $z=-\dfrac{1}{4}$이므로

$$\dfrac{xy+yz-zx}{xyz}=\dfrac{1+\left(-\dfrac{1}{8}\right)-\left(-\dfrac{1}{2}\right)}{-\dfrac{1}{4}}$$
$$=\dfrac{\dfrac{11}{8}}{-\dfrac{1}{4}}=-\dfrac{11}{2}$$

따라서 설명이 옳은 학생은 기백, 누리, 로희이므로 3명이다.

2 (주어진 식)$=-3ax^2-4x+ax+2+9x^2+bx-1$
$=(-3a+9)x^2+(-4+a+b)x+1$
따라서 이 식이 x에 대한 일차식이 되려면
$-3a+9=0$, $-4+a+b\neq0$이어야 하므로
$a=3$, $b\neq1$

3 총 경비는
$x+6000\times20+20(2y+5000)$
$=x+120000+40y+100000$
$=x+40y+220000$(원)
따라서 1명당 내야 할 금액은
$$\dfrac{1}{20}\times(x+40y+220000)=\dfrac{1}{20}x+2y+11000(원)$$

4 한 번 자를 때마다 정사각형 CFGD와 합동인 면은 2개씩 증 가한다.
즉, 한 번 자를 때마다 겉넓이는 $2\times4^2=32(\mathrm{cm}^2)$씩 증가한다.
처음 정육면체의 겉넓이는 $6\times4^2=96(\mathrm{cm}^2)$이다.
따라서 n번 잘랐을 때, 직육면체들의 겉넓이의 총합은
$96+32n(\mathrm{cm}^2)$

응용문제 03

63쪽

예제 ③ 4, 8, 8, $n+1$, 16 / $16(n+1)$

1 5   **2** $(4.2x+21)\,\mathrm{cm}$

3 몫 : $25a+5b+2$, 나머지 : 1   **4** $\dfrac{3a+b}{4}$ %

1 $(dx-6y)\times\dfrac{1}{3}c=\dfrac{1}{3}cdx-2cy=32x-16y$이므로

$c=8$, $d=12$

$(ax+b)\div\left(-\dfrac{1}{4}\right)=-4ax-4b=8x+12$이므로

$a=-2$, $b=-3$

$\therefore a-b-c+d=-2-(-3)-8+12$
$\qquad\qquad\qquad =-2+3-8+12=5$

2 새로 만든 직사각형에서

$(가로의\ 길이)=(x+5)\times\left(1-\dfrac{10}{100}\right)=0.9x+4.5(\text{cm})$

$(세로의\ 길이)=(x+5)\times\left(1+\dfrac{20}{100}\right)=1.2x+6(\text{cm})$

$\therefore$ (직사각형의 둘레의 길이)
$\quad =2\times\{(0.9x+4.5)+(1.2x+6)\}$
$\quad =4.2x+21(\text{cm})$

3 백의 자리의 숫자가 a, 십의 자리의 숫자가 $2b$, 일의 자리의 숫자가 9인 세 자리의 자연수는

$100a+10\times2b+1\times9=100a+20b+9$

$100a+20b+9=4(25a+5b+2)+1$이므로

$100a+20b+9$를 4로 나누었을 때, 몫은 $25a+5b+2$이고, 나머지는 1이다.

4 A 용기의 소금의 양은 $4a(\text{g})$, B 용기의 소금의 양은 $2b(\text{g})$이다.

A 용기에서 $200\,g$의 소금물을 B 용기로 옮겼을 때의 B 용기의 소금의 양은 $\dfrac{4a}{2}+2b=2a+2b(\text{g})$이다.

다시 B 용기에서 $200\,g$의 소금물을 A 용기로 옮겼을 때의 A 용기의 소금의 양은 $\dfrac{4a}{2}+\dfrac{2a+2b}{2}=3a+b(\text{g})$이다.

따라서 이때의 A 용기의 소금물의 농도는

$(3a+b)\div400\times100=\dfrac{3a+b}{4}(\%)$이다.

---

1 오른쪽 그림과 같은 규칙을 가지고 있으므로 빈칸을 아랫줄부터 다 채우면

첫 번째 줄은 x

두 번째 줄은 $x-2y$, $5x-2y$

세 번째 줄은 $6x-2y$, $6x-4y(=B)$

$A=6x-2y+6x-4y=12x-6y$

$\therefore A-2B=(12x-6y)-2(6x-4y)$
$\qquad\qquad =12x-6y-12x+8y$
$\qquad\qquad =2y$

2 $\dfrac{-3a+6b}{6}+\dfrac{4b-6a+10}{6}-\dfrac{7-3a}{6}$

$=\dfrac{-3a+6b+4b-6a+10+3a-7}{6}$

$=\dfrac{-6a+10b+3}{6}=-a+\dfrac{5}{3}b+\dfrac{1}{2}$

$=ma+nb+l$

$\Rightarrow m=-1$, $n=\dfrac{5}{3}$, $l=\dfrac{1}{2}$

$\therefore \dfrac{mn}{5l}=-\dfrac{5}{3}\div\dfrac{5}{2}=-\dfrac{2}{3}$

3 $A-(3x-5)=5x-4$

$\therefore A=5x-4+3x-5=8x-9$

바르게 계산하면

$8x-9+(3x-5)=11x-14$

$\therefore B=11x-14$

$C=-(8x-9)+5x+3$
$\quad =-8x+9+5x+3$
$\quad =-3x+12$

$\therefore A+2B-C=8x-9+2(11x-14)-(-3x+12)$
$\qquad\qquad\qquad =8x-9+22x-28+3x-12$
$\qquad\qquad\qquad =33x-49$

4 $\dfrac{2}{3}(18x^a-2)+(8x+12y)\div\dfrac{4}{b}$ 는 일차식이므로 $a=1$

$12x-\dfrac{4}{3}+(8x+12y)\times\dfrac{b}{4}$

$=12x-\dfrac{4}{3}+2bx+3by$

$=(12+2b)x+3by-\dfrac{4}{3}$

$12+2b=c$, $3b=-9$에서 $b=-3$, $c=6$

$\therefore a+b+c=1-3+6=4$

예제 ④ 21, 15, 14, 2, 15, 2, 5, 5, 4 / 4

1 $-36x-23y$　　　**2** ⑤　　　**3** $14x+153$

4 해피쇼핑몰

1　$4(A+B)-\dfrac{3}{2}(A-3B)$

$=4A+4B-\dfrac{3}{2}A+\dfrac{9}{2}B$

$=\dfrac{5}{2}A+\dfrac{17}{2}B$

$=\dfrac{5}{2}(6x+y)+\dfrac{17}{2}(-6x-3y)$

$=15x+\dfrac{5}{2}y-51x-\dfrac{51}{2}y$

$=-36x-23y$

2　새로 만든 사다리꼴의 윗변의 길이는

$(a+3)\left(1-\dfrac{1}{10}\right)=\dfrac{9}{10}(a+3)$

새로 만든 사다리꼴의 아랫변의 길이는

$(4a-2)\left(1+\dfrac{15}{100}\right)=\dfrac{23}{20}(4a-2)$

새로 만든 사다리꼴의 높이는 $15\times(1+0.2)=18$

따라서 새로 만든 사다리꼴의 넓이는

$\dfrac{1}{2}\times\left\{\dfrac{9}{10}(a+3)+\dfrac{23}{20}(4a-2)\right\}\times 18$

$=\dfrac{1}{2}\times 18\times\left(\dfrac{9}{10}a+\dfrac{27}{10}+\dfrac{46}{10}a-\dfrac{23}{10}\right)$

$=9\times\left(\dfrac{55}{10}a+\dfrac{4}{10}\right)=\dfrac{99}{2}a+\dfrac{18}{5}$

3　(색칠한 부분의 넓이)

$=$ (직사각형 ABCD의 넓이)$-\{$(삼각형 AQP의 넓이)

　$+$ (삼각형 BRQ의 넓이)$+$ (삼각형 CSR의 넓이)

　$+$ (삼각형 DSP의 넓이)$\}$이다. 즉,

$30(9+x)-\dfrac{1}{2}\left\{108+18x+12\times\dfrac{2}{3}(x+9)\right.$

$\left.+18\times\dfrac{1}{3}(x+9)\right\}$

$=270+30x-\dfrac{1}{2}(108+18x+8x+72+6x+54)$

$=270+30x-\dfrac{1}{2}(32x+234)$

$=270+30x-16x-117=14x+153$

4　상품의 정가를 A원이라 할 때,

해피쇼핑몰에서 상품의 할인된 가격은

$(A+0.1A+2000)-0.25(A+0.1A+2000)$

$=0.825A+1500$(원)

스마일쇼핑몰에서 상품의 할인된 가격은

$(A-0.25A)+0.1(A-0.25A)+2000$

$=0.75A+0.075A+2000=0.825A+2000$(원)

따라서 해피쇼핑몰이 500원 더 저렴하다.

심화 문제　　66~71쪽

01 $-16x-24$　**02** $\dfrac{7ab}{8}$　**03** $\dfrac{3a^2}{8}$ cm²　**04** $10-x$

05 $\dfrac{3a+40}{2a-20}$ %　**06** 5　**07** $\dfrac{15}{2}$

08 $(6000+34a+5b)$원　**09** $(190+a)$점　**10** -2

11 $\dfrac{3}{2}$　**12** $\dfrac{3}{5}$　**13** $-\dfrac{1}{12}$　**14** $\dfrac{2}{3}a$

15 1　**16** $B>A$　**17** ㄴ, ㄷ　**18** 35개

01　$9x+7+2x+6x+4-3x-5=14x+6$

$A=14x+6-\{(-4x-6)+(9x+7)+(-x-3)\}$

$=14x+6-(4x-2)=10x+8$

$C=14x+6-\{(3x+1)+(5x+3)+(6x+4)\}$

$=14x+6-(14x+8)=-2$

$B=14x+6-\{(-x-3)-2+(11x+9)\}$

$=14x+6-(10x+4)=4x+2$

$\dfrac{1}{2}(4B-2A)+3A-\{5B-2(-4A+7B)\}-C$

$=-6A+11B-C$

$\therefore -6A+11B-C$

$=-6(10x+8)+11(4x+2)-(-2)$

$=-60x-48+44x+22+2$

$=-16x-24$

02　(색칠한 부분의 넓이)

$=$ (직사각형의 넓이)$-$ (삼각형 3개의 넓이)

$=2ab-\dfrac{1}{2}\left\{\left(2a\times\dfrac{1}{3}b\right)+\left(\dfrac{5}{4}a\times\dfrac{2}{3}b\right)+\left(b\times\dfrac{3}{4}a\right)\right\}$

$=2ab-\dfrac{1}{2}\left(\dfrac{2ab}{3}+\dfrac{5ab}{6}+\dfrac{3ab}{4}\right)$

$=2ab-\dfrac{1}{2}\left(\dfrac{8ab+10ab+9ab}{12}\right)$

$=2ab-\dfrac{9ab}{8}=\dfrac{7ab}{8}$

03 오른쪽 그림에서 색칠한 부분의 넓이는 ㉠의 6배이고

$(㉠의 넓이) = \frac{1}{4} \times (원의 넓이) - (\triangle AOD의 넓이)$이므로

$$\left\{ \frac{1}{4} \times \left(\frac{a}{2} \right)^2 \times 3 - \left(\frac{1}{2} \times \frac{a}{2} \times \frac{a}{2} \right) \right\} \times 6$$

$$= \left(\frac{3a^2}{16} - \frac{a^2}{8} \right) \times 6 = \frac{a^2}{16} \times 6$$

$$= \frac{3a^2}{8} \, (\text{cm}^2)$$

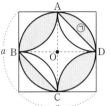

04 점 A는 점 P와 점 Q의 한 가운데 있는 점이므로 점 Q에 대응하는 수를 y라 하면

$\frac{x+y}{2} = 5$, $x+y = 10$에서 $y = 10 - x$이다.

05 올해 감과 사과의 수확량의 합계는

$a \times (1 + 0.05) + (a - 20) \times (1 - 0.02)$

$= 1.05a + 0.98a - 19.6 = 2.03a - 19.6(\text{만 톤})$

작년에 대한 올해의 수확량의 비율은

$\frac{2.03a - 19.6 - (2a - 20)}{2a - 20} \times 100 = \frac{0.03a + 0.4}{2a - 20} \times 100$

$= \frac{3a + 40}{2a - 20} (\%)$

06 $a+b+c-d = (a+b+c+d) - 2d = -2d$

$a+b-2c+d = (a+b+c+d) - 3c = -3c$

$a-3b+c+d = (a+b+c+d) - 4b = -4b$

$-4a+b+c+d = (a+b+c+d) - 5a = -5a$

$\therefore (\text{주어진 식}) = \frac{-2d}{a} \times \frac{-3c}{2b} \times \frac{-4b}{3c} \times \frac{-5a}{4d} = 5$

07 $\frac{a+b}{5} = \frac{b+c}{7} = \frac{c+a}{6} = k$라 하면

$a+b = 5k$, $b+c = 7k$, $c+a = 6k$

$2(a+b+c) = 18k$ $\therefore k = \frac{2 \times 45}{18} = 5$

$a+b = 25$, $b+c = 35$, $c+a = 30$에서

$a = 10$, $b = 15$, $c = 20$ $\therefore \frac{ab}{c} = \frac{10 \times 15}{20} = \frac{15}{2}$

08 불고기 버거 안에 있는 재료에서 치즈 2장, 토마토 3장, 감자 튀김 1봉지를 추가로 주문했으므로

$(\text{지불해야 할 금액}) = 6000 + 8a \times 2 + 6a \times 3 + 5b$

$\qquad\qquad\qquad = 6000 + 16a + 18a + 5b$

$\qquad\qquad\qquad = 6000 + 34a + 5b(\text{원})$

09 영어 듣기 평가 점수가 8점인 학생 수는

$23 - (7 + a + 8) = 8 - a$

희수네 반 전체 학생들의 영어 듣기 평가 점수의 총합은

$7 \times 10 + 9 \times a + 8(8 - a) + 7 \times 8$

$= 70 + 9a + 64 - 8a + 56$

$= 190 + a(\text{점})$

10 $\frac{a}{b} = \frac{4}{3}$에서 $\frac{a}{4} = \frac{b}{3} = x(x \neq 0)$이라 하면 $a = 4x$, $b = 3x$

$\frac{c}{d} = \frac{9}{14}$에서 $\frac{c}{9} = \frac{d}{14} = y(y \neq 0)$이라 하면 $c = 9y$, $d = 14y$

$\therefore (\text{주어진 식}) = \frac{3 \times 4x \times 9y - 2 \times 3x \times 14y}{4 \times 3x \times 14y - 5 \times 4x \times 9y}$

$\qquad\qquad = \frac{108xy - 84xy}{168xy - 180xy} = \frac{24xy}{-12xy} = -2$

11 $\frac{1}{x} - \frac{1}{y} = 5$의 양변에 xy를 곱하면 $y - x = 5xy$

$(\text{주어진 식}) = \frac{7x + (y-x) + 2y}{3x - (y-x) + 3y} = \frac{3(2x+y)}{2(2x+y)} = \frac{3}{2}$

12 $(\text{주어진 식}) = \frac{x}{a-b} + \frac{-x+9y}{10a - 10b}$

$\qquad = \frac{10x}{10(a-b)} + \frac{-x+9y}{10(a-b)}$

$\qquad = \frac{9(x+y)}{10(a-b)} = \frac{9}{10} \times \frac{x+y}{a-b} = \frac{9}{10} \times \frac{2}{3} = \frac{3}{5}$

13 $(a+b) : (a-b) = 5 : 3$이므로

$5(a-b) = 3(a+b)$, $a = 4b$ $\therefore \frac{b}{a} = \frac{1}{4}$

$a - 2b = 3a - b$에서 $b = -2a$

$\therefore \frac{a+b}{a-b} = \frac{a + (-2a)}{a - (-2a)} = \frac{-a}{3a} = -\frac{1}{3}$

$\therefore \frac{1}{4} + \left(-\frac{1}{3} \right) = -\frac{1}{12}$

14 n은 자연수이므로 $2n$은 짝수, $2n+1$은 홀수이다.

$\therefore (\text{주어진 식}) = \frac{a-b}{3} - (-1)\left(\frac{a+b}{3} \right) = \frac{a-b}{3} + \frac{a+b}{3}$

$\qquad\qquad = \frac{2}{3}a$

15 (i) n이 홀수일 때 $n+3 = (\text{짝수})$, $2n = (\text{짝수})$

$\frac{9(-1)^n}{(-3)^2} - \frac{27(-1)^{n+3}}{(-3)^3} + \frac{81(-1)^{2n}}{(-3)^4}$

$= \frac{-9}{9} - \frac{27}{-27} + \frac{81}{81} = -1 + 1 + 1 = 1$

(ii) n이 짝수일 때 $n+3 = (\text{홀수})$, $2n = (\text{짝수})$

$\frac{9(-1)^n}{(-3)^2} - \frac{27(-1)^{n+3}}{(-3)^3} + \frac{81(-1)^{2n}}{(-3)^4}$

$= \frac{9}{9} - \frac{-27}{-27} + \frac{81}{81} = 1 - 1 + 1 = 1$

16 $A=\dfrac{x+y+z}{3}$, $C=\dfrac{x+y}{2}$,

$B=\dfrac{\dfrac{x+y}{2}+z}{2}=\dfrac{x+y+2z}{4}$

$B-A=\dfrac{2z-x-y}{12}=\dfrac{(z-x)+(z-y)}{12}$

$z-x>0$, $z-y>0$이므로 $B-A>0$

$\therefore B>A$

17 ㄱ. 가운데 1개의 구슬이 있고, 한 변에 $(n-1)$개씩 있으므로

$1+4(n-1)=4n-3$(개)가 필요하다.

$\therefore a=4$, $b=3$이므로 $a+b=7$

ㄴ. $1+4\times(6-1)=21$

ㄷ. $n=3k$(k는 자연수)라 하면

$1+4(3k-1)=12k-3=3(4k-1)$

따라서 $3(4k-1)$은 3의 배수이다.

18 세 자리의 자연수 A의 백의 자리의 숫자를 x, 십의 자리의 숫자를 y, 일의 자리의 숫자를 z라 하면 (단, x, y, z는 1 이상 9 이하의 자연수)

$A=100x+10y+z$, $B=100x+y+10z$

$A-B=9y-9z=36$, $9(y-z)=36$

$\therefore y-z=4$ … ㉠

㉠을 만족시키는 y, z에 대한 순서쌍 (y,z)를 구하면

$(9,5)$, $(8,4)$, $(7,3)$, $(6,2)$, $(5,1)$이다.

이때 $x\neq y\neq z$이므로 각 순서쌍에 대하여 x로 가능한 숫자는 1부터 9 중 y, z의 숫자를 제외한 7개이다.

따라서 가능한 세 자리의 자연수 A의 개수는 $7\times5=35$(개)이다.

최상위 문제
72~77쪽

01 36 **02** $DR'+R$ **03** -4 **04** 4개

05 12 **06** $\dfrac{2}{5}$

07 $(5,20)$, $(6,12)$, $(8,8)$, $(12,6)$, $(20,5)$

08 -5 **09** 0 **10** $\dfrac{32}{15}$ **11** 20

12 -9 **13** $26x+8y+30$ **14** 31 또는 32

15 0 **16** $\left(270a+\dfrac{27}{10}ax\right)$원 **17** $\dfrac{61}{69}a$ cm

18 -6

---

01 $p(a)$, $p(b)$, $p(c)$는 모두 자연수이므로

$p(a)\times p(b)\times p(c)=6$인 경우는 다음과 같다.

(i) $p(a)=1$, $p(b)=1$, $p(c)=6$인 경우

$p(a)=p(b)=1$을 만족하는 두 자리 수는 11 밖에 없으므로 $a=b=11$,

$p(c)=6$에서 가장 작은 두 자리의 수는 16이므로

$c=16$

$\therefore a+b+c=11+11+16=38$

(ii) $p(a)=1$, $p(b)=2$, $p(c)=3$인 경우

각각의 경우에 가장 작은 수는

$a=11$, $b=12$, $c=13$

$\therefore a+b+c=11+12+13=36$

(i), (ii)에 의해 $a+b+c$의 최솟값은 36이다.

02 $\begin{cases}P=DQ+R & \cdots ㉠\\Q=D'Q'+R' & \cdots ㉡\end{cases}$

㉡을 ㉠에 대입하면

$P=D(D'Q'+R')+R=(DD')Q'+(DR'+R)$

$DR'+R$가 P를 DD'으로 나누었을 때의 나머지가 되려면 $DR'+R<DD'$임을 보여야 한다.

$R\leq D-1$이고 $R'\leq D'-1$이므로

$DR'+R\leq D(D'-1)+(D-1)=DD'-1<DD'$

$\therefore DR'+R<DD'$

따라서 P를 DD'으로 나눌 때 나머지는 $DR'+R$이다.

03 $(y+z):z=3:2$, $3z=2(y+z)$, $z=2y$이므로

$y:z=1:2$

따라서 $x:y:z=4:1:2$이므로

$\dfrac{x}{4}=\dfrac{y}{1}=\dfrac{z}{2}=k$ $(k\neq0)$이라 하면

$x=4k$, $y=k$, $z=2k$

$\dfrac{(x+y+z)^2}{x^2+y^2+z^2}=\dfrac{(4k+k+2k)^2}{16k^2+k^2+4k^2}=\dfrac{49k^2}{21k^2}=\dfrac{7}{3}$

$\therefore a=\dfrac{7}{3}$

$\dfrac{x-3y+z}{-2x+y+3z}=\dfrac{4k-3k+2k}{-8k+k+6k}=\dfrac{3k}{-k}=-3$

$\therefore b=-3$

$a=\dfrac{7}{3}$, $b=-3$을 $6a+2x+\dfrac{1}{3}b=5$에 대입하면

$14+2x-1=5$ $\therefore x=-4$

04 (i) $x=1$, $x-y=2$일 때, $(x,y)=(1,-1)$

(ii) $x=2$, $x-y=1$일 때, $(x,y)=(2,1)$

(iii) $x=-1$, $x-y=-2$일 때, $(x,y)=(-1,1)$

(iv) $x=-2$, $x-y=-1$일 때, $(x,y)=(-2,-1)$

따라서 $(x, y)=(1, -1), (2, 1), (-1, 1), (-2, -1)$이 므로 4개이다.

05 $a+b=6ab$의 양변에 $\dfrac{1}{ab}$을 곱하면 $\dfrac{1}{a}+\dfrac{1}{b}=6$

같은 방법으로 $b+c=8bc \Rightarrow \dfrac{1}{b}+\dfrac{1}{c}=8$

$c+a=10ca \Rightarrow \dfrac{1}{a}+\dfrac{1}{c}=10$

이때 세 식을 변끼리 더하면

$2\left(\dfrac{1}{a}+\dfrac{1}{b}+\dfrac{1}{c}\right)=6+8+10=24$

$\therefore \dfrac{1}{a}+\dfrac{1}{b}+\dfrac{1}{c}=12$

06 $a=\dfrac{n}{m}$(m, n은 서로소인 정수, $0<n<m$)이라 하면

$\dfrac{1}{a}=\dfrac{m}{n}>1$

$m=nk+r$(k는 정수, $0 \leq r \leq n-1$)이라 하면

$\dfrac{1}{a}=k+\dfrac{r}{n}$ $\therefore \left[\dfrac{1}{a}\right]=k$

주어진 식은

$\dfrac{4}{5}\left(k+\dfrac{r}{n}-k\right)=\dfrac{n}{m}$, $\dfrac{4}{5}\times\dfrac{r}{n}=\dfrac{n}{m}$, $4mr=5n^2$

에서 $4mr$은 4의 배수이고, 짝수이므로 n은 짝수이다.

$n=2l$, $mr=5l^2$으로 놓으면 m과 l은 서로소이므로

$m=5$, $0<2l<5(\because 0<n<m)$

$\therefore n=2l=2$ 또는 $n=4$

$n=4$일 때, $4mr=5n^2$에서 $m=5$, $r=4$이므로

$0<\dfrac{r}{n}<1$에 모순이다.

따라서 $n=2$일 때, $a=\dfrac{2}{5}$

07 $\dfrac{1}{x}+\dfrac{1}{y}=\dfrac{1}{4}$을 y를 x에 관하여 풀면

$\dfrac{1}{y}=\dfrac{1}{4}-\dfrac{1}{x}=\dfrac{x-4}{4x}$

$\therefore y=\dfrac{4x}{x-4}=\dfrac{4(x-4)+16}{x-4}=4+\dfrac{16}{x-4}$

이때 y는 자연수이므로 $x-4$는 16의 약수이다.

$x-4=1, 2, 4, 8, 16$이므로 $x=5, 6, 8, 12, 20$

$\therefore (x, y)=(5, 20), (6, 12), (8, 8), (12, 6), (20, 5)$

08 $x-y+z=0$이므로

$x+z=y$, $x-y=-z$, $z-y=-x$

$\therefore$ (주어진 식)$=\dfrac{4yz}{(-z)\times y}+\dfrac{5xy}{y\times x}+\dfrac{6xz}{z\times(-x)}$

$\qquad\qquad\qquad =-4+5-6=-5$

09 (i) m, n이 모두 홀수일 때,

$n+1=$(짝수), $m+n=$(짝수)

$\Rightarrow \dfrac{-6a+5+3a+1}{3}=\dfrac{-3a+6}{3}=-a+2$

(ii) m, n이 모두 짝수일 때,

$n+1=$(홀수), $m+n=$(짝수)

$\Rightarrow \dfrac{6a-5-3a-1}{3}=\dfrac{3a-6}{3}=a-2$

(iii) m은 홀수, n은 짝수일 때,

$n+1=$(홀수), $m+n=$(홀수)

$\Rightarrow \dfrac{-6a+5-3a-1}{-3}=\dfrac{-9a+4}{-3}=3a-\dfrac{4}{3}$

(iv) m은 짝수, n은 홀수일 때,

$n+1=$(짝수), $m+n=$(홀수)

$\Rightarrow \dfrac{6a-5+3a+1}{-3}=\dfrac{9a-4}{-3}=-3a+\dfrac{4}{3}$

$\therefore$ 가장 큰 값은 $3a-\dfrac{4}{3}$, 가장 작은 값은 $-3a+\dfrac{4}{3}$이므로

$3a-\dfrac{4}{3}+\left(-3a+\dfrac{4}{3}\right)=0$

10 전체 스마트폰 판매량을 x대, 스마트폰 판매에 대한 전체 매출액을 y원이라고 하고 A, B 두 스마트폰의 판매량과 매출액을 표로 나타내면 다음과 같다.

	판매량	매출액
A 스마트폰	$\dfrac{25}{100}x$대	$\dfrac{40}{100}y$원
B 스마트폰	$\dfrac{40}{100}x$대	$\dfrac{30}{100}y$원

이때 (판매량)$\times$(판매 가격)$=$(매출액)이므로

$\dfrac{25}{100}x\times p=\dfrac{40}{100}y$에서 $p=\dfrac{8y}{5x}$

$\dfrac{40}{100}x\times q=\dfrac{30}{100}y$에서 $q=\dfrac{3y}{4x}$

$\therefore \dfrac{p}{q}=\dfrac{8y}{5x}\div\dfrac{3y}{4x}=\dfrac{8y}{5x}\times\dfrac{4x}{3y}=\dfrac{32}{15}$

11 A에 녹아 있는 소금의 양 : $3a(\text{g})$,

B에 녹아 있는 소금의 양 : $2b(\text{g})$

덜어낸 소금물 c g에 녹아 있는 소금의 양 : $\dfrac{1}{100}ac(\text{g})$

그릇 A에 담긴 새로 만들어진 소금물의 농도는

$\dfrac{3a-\dfrac{1}{100}ac}{300}\times100=a-\dfrac{1}{300}ac(\%) \Rightarrow m=\dfrac{1}{300}$

그릇 B에 담긴 새로 만들어진 소금물의 농도는

$$\dfrac{2b+\dfrac{1}{100}ac}{200+c}\times100=\dfrac{200b+ac}{200+c}(\%)\ \Rightarrow\ n=200$$

$$\therefore 30mn=30\times\dfrac{1}{300}\times200=20$$

12 (주어진 식)$=\dfrac{3a}{b}+\dfrac{3a}{c}+\dfrac{3b}{c}+\dfrac{3b}{a}+\dfrac{3c}{a}+\dfrac{3c}{b}$

$\qquad\qquad\quad=\dfrac{3b+3c}{a}+\dfrac{3a+3c}{b}+\dfrac{3a+3b}{c}$

$\qquad\qquad\quad=\dfrac{3(b+c)}{a}+\dfrac{3(a+c)}{b}+\dfrac{3(a+b)}{c}$

이때 $a+b+c=0$에서

$b+c=-a,\ a+c=-b,\ a+b=-c$이므로

(주어진 식)$=\dfrac{-3a}{a}+\dfrac{-3b}{b}+\dfrac{-3c}{c}$

$\qquad\qquad\quad=-3+(-3)+(-3)=-9$

13 오른쪽 그림과 같이 나머지의 변
의 길이를 $a,\ b,\ c,\ d$라고 하자.
$a=(y+3)+(2x+1)$
$\qquad+(y+3)+(2y+3)$
$\quad=2x+4y+10$
$b+c+d=(b+d)+c$
$\qquad\qquad\ =(6x+5)+5x=11x+5$

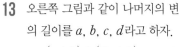

따라서 도형의 둘레의 길이는
$(6x+5)+5x+(b+c+d)+2a$
$=11x+5+(11x+5)+2(2x+4y+10)$
$=22x+10+4x+8y+20$
$=26x+8y+30$

14 $300\times\dfrac{a}{100}+200\times\dfrac{b}{100}=500\times\dfrac{15}{100}$ 를 정리하면

$3a+2b=75\ \cdots\ㄱ$

또 $a<b<2a\ \cdots\ㄴ$

ㄱ식에서 $b=\dfrac{75-3a}{2}$이므로 ㄴ식에 대입하면

$a<\dfrac{75-3a}{2}<2a\ \Rightarrow\ 10\dfrac{5}{7}<a<15$

$\therefore a=11,\ 12,\ 13,\ 14$

이때 $b=\dfrac{75-3a}{2}$가 정수가 되어야 하므로 a는 11과 13이다.

즉 $a=11$일 때 $b=21$ $\qquad\therefore a+b=32$

$\quad a=13$일 때 $b=18$ $\qquad\therefore a+b=31$

15 $a=\dfrac{20}{2^n}$이므로 $1<a<2$에서 $1<\dfrac{20}{2^n}<2$이고,

n은 자연수이므로 $n=4$

$$\therefore a=\dfrac{20}{2^4}=\dfrac{5}{4}\qquad\therefore \dfrac{1}{a}=\dfrac{4}{5}$$

또한 $-2<b<-1$에서 $-1<\dfrac{1}{b}<-\dfrac{1}{2}$이므로

$-1+\dfrac{4}{5}<\dfrac{1}{a}+\dfrac{1}{b}<-\dfrac{1}{2}+\dfrac{4}{5}$에서 $-\dfrac{1}{5}<\dfrac{1}{a}+\dfrac{1}{b}<\dfrac{3}{10}$

이때, $\dfrac{1}{a}+\dfrac{1}{b}$은 정수이므로 $\dfrac{1}{a}+\dfrac{1}{b}=0$

$\therefore \dfrac{1}{b}=-\dfrac{1}{a}=-\dfrac{4}{5}\qquad\therefore b=-\dfrac{5}{4}$

$\therefore a+b=\dfrac{5}{4}+\left(-\dfrac{5}{4}\right)=0$

16 (정가)$=$(원가)$+$(이익)$=a+\dfrac{ax}{100}$

(지불해야 할 금액)

$=\left(a+\dfrac{ax}{100}\right)\times100+\left(a+\dfrac{ax}{100}\right)\times100\times\dfrac{90}{100}$

$\qquad\qquad\qquad+\left(a+\dfrac{ax}{100}\right)\times100\times\dfrac{80}{100}$

$=(100a+ax)+\left(90a+\dfrac{9}{10}ax\right)+\left(80a+\dfrac{8}{10}ax\right)$

$=270a+\dfrac{27}{10}ax$(원)

17 가장 작은 정사각형의 한 변
의 길이를 x, 두 번째로 작은
정사각형의 한 변의 길이를
y라고 하면 각 정사각형의
한 변의 길이는 오른쪽 그림
과 같다.

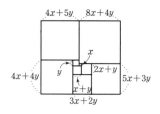

이때 직사각형의 가로의 길이는
$(4x+5y)+(8x+4y)=12x+9y\ \cdots\ㄱ$

직사각형의 세로의 길이는
$(8x+4y)+(5x+3y)=13x+7y\ \cdots\ㄴ$

또 직사각형의 세로의 길이는
$(4x+5y)+(4x+4y)=8x+9y\ \cdots\ㄷ$

ㄴ$=$ㄷ이므로 $13x+7y=8x+9y$

$5x=2y\qquad\therefore x=\dfrac{2}{5}y\ \cdots\ㄹ$

ㄹ을 ㄱ에 대입하면

$12x+9y=12\times\dfrac{2}{5}y+9y=\dfrac{69}{5}y,$

ㄹ을 ㄴ에 대입하면

$13x+7y=13\times\dfrac{2}{5}y+7y=\dfrac{61}{5}y$

$\therefore$ (가로의 길이) $:$ (세로의 길이)$=\dfrac{69}{5}y:\dfrac{61}{5}y=69:61$

$\therefore a:$ (세로의 길이)$=69:61$에서

(세로의 길이)$=\dfrac{61}{69}a$(cm)

18 $(x+z):z=5:1$에서 $5z=x+z$이므로

$x=4z$ … ㉠

$x:y=2:3$에서 $2y=3x$이므로 ㉠을 대입하면

$y=6z$ … ㉡

$p=\dfrac{2x-3y+5z}{3x+4y-6z}$에 ㉠, ㉡을 대입하여 정리하면

$p=\dfrac{8z-18z+5z}{12z+24z-6z}=\dfrac{-5z}{30z}=-\dfrac{1}{6}$

$q=\dfrac{2x+y-4z}{4x-2y-3z}=\dfrac{8z+6z-4z}{16z-12z-3z}=\dfrac{10z}{z}=10$

따라서 $6p-3k-q=7$에 $p=-\dfrac{1}{6}$, $q=10$을 대입하면

$-1-3k-10=7$이므로

$-3k=18$　∴ $k=-6$

2 일차방정식

1 1　　**2** 23789　　**3** ⑤　　**4** ⑤

1 방정식 : ㄹ, ㅁ, ㅂ ➡ 3개　　∴ $a=3$

항등식 : ㅅ, ㅇ ➡ 2개　　∴ $b=2$

∴ $a-b=3-2=1$

2 로운 : $a=b=0$일 때, $\dfrac{a}{b}=-1$이 성립하지 않는다.

명진 : $c\neq0$일 때 $ac=2bc$이면 $a=2b$이다.

사랑 : $m+6=9n$이면 $m=9n-6$

따라서 설명이 옳은 학생들이 가진 숫자는

3, 8, 7, 2, 9이므로 만들 수 있는 가장 작은 자연수는

23789이다.

3 ① $3x-11=x+2$ (방정식)

② $\dfrac{x+80}{2}=x+5$ (방정식)

③ $(a-4)+(a-2)+a=93$ (방정식)

④ $27=3x+3$ (방정식)

⑤ $\dfrac{1}{3}(3b-1+b+5+2b-1)=2b+1$(항등식)

4 $-3x+6=21$

$-3x+6+(-6)=21+(-6)$

$-3x=15$

$A=-3$, $B=15$, $c=-6$

∴ $A+B-c=-3+15-(-6)=18$

예제 ❶ 6, 6, -9, -9, -3 / -3

1 $3y+2z$　　**2** 가람, 나영, 다슬　　**3** $\dfrac{3}{2}$

4 $a=3$, $b=11$, $c=2$, $d=3$

1 $x+z-1=y-z$에서 $x=y-2z+1$

∴ $A=y-2z$

$2x-z=y+2z$에서 $2x=y+3z$

$-4x=-2y-6z$

∴ $B=-2y-6z$

$-(x+z)=2y+4z$에서 $-x-z=2y+4z$

$-x=2y+5z,\ 2x=-4y-10z$

$\therefore C=-4y-10z$

$\therefore A+B-C=y-2z-2y-6z-(-4y-10z)$

$\qquad =y-2z-2y-6z+4y+10z$

$\qquad =3y+2z$

2 'x의 4배에 8을 더한 것은 x와 2의 합의 a배와 같다.'

➡ $4x+8=a(x+2)$

3 주어진 방정식의 해가 $x=-1$이므로 이것을 주어진 방정식에 대입하여도 등식은 성립한다.

$-4(k-3)-2a=k(b-1)+3$

$-4k+12-2a=bk-k+3$

$-4k-bk+k+12-2a-3=0$

$(-3-b)k+(9-2a)=0$

이 식이 k에 대한 항등식이므로 $a=\dfrac{9}{2},\ b=-3$

$\therefore a+b=\dfrac{3}{2}$

4 ㈎의 문장을 등식으로 나타내면

$3(x+11)=x+39$

$3x+33=x+39$

$3x-x=39-33$

$2x=6$

$\therefore x=3$

$\therefore a=3,\ b=11,\ c=2,\ d=3$

핵심문제 02 80쪽

$1\ -\dfrac{29}{2}$ $2\ -3$ $3\ ③$ $4\ ⑤$

1 $ax+4(5-x)=4x+2a+4$

$ax+20-4x=4x+2a+4$

$(a-8)x+(16-2a)=0\ \cdots\ ㉠$

모든 x에 대하여 등식 ㉠이 항상 성립하려면 $a=8$

$a=8$을 $\dfrac{2}{5}(x-a)=0.25a(x+10)$에 대입하면

$\dfrac{2}{5}(x-8)=2(x+10)$

$2(x-8)=10(x+10)$

$2x-16=10x+100,\ 8x=-116$

$\therefore x=-\dfrac{29}{2}$

---

2 $(-3x)◎6=2\times(-3x)-3\times6=-6x-18$

$x◎(1+x)=2x-3(1+x)=2x-3-3x=-x-3$

$-6x-18=-x-3$

$-5x=15$

$\therefore x=-3$

3 양변에 3을 곱하면 $3x-(x-a)=15$

$3x-x+a=15$

$2x=15-a$

$\therefore x=\dfrac{15-a}{2}$

$\dfrac{15-a}{2}$가 양의 정수가 되려면 $15-a$가 2의 배수가 되어야 한다.

따라서 자연수 a의 개수는 1, 3, 5, 7, 9, 11, 13의 7개이다.

4 $|x-6|+3x=10$

(i) $x\geq6$이면

$x-6+3x=10,\ 4x=16$

$\therefore x=4 ➡ x\geq6$이라는 조건에 모순된다.

(ii) $x<6$이면

$-x+6+3x=10,\ 2x=4$

$x=2 ➡ x<6$이라는 조건을 만족시킨다.

$\therefore k^2-4k+3=2^2-4\times2+3=4-8+3=-1$

응용문제 02 81쪽

예제 ② $0,\ 7,\ 0,\ 3,\ 3,\ 7,\ 3,\ 3,\ 7\ /\ 7$

$1\ \dfrac{1}{3}$ $2\ 10$ $3\ -9$ $4\ 5$

1 $\dfrac{1}{5}(x+1):8a=0.3(x-2):4$

$2.4a(x-2)=\dfrac{4}{5}(x+1)$

양변에 10을 곱하면

$24a(x-2)=8(x+1)$

$24ax-48a=8x+8$

$(24a-8)x=8+48a$

해가 없으려면 $24a-8=0$

$\therefore a=\dfrac{1}{3}$

2 양변에 4를 곱하면 $3(x-k)-8x=-20$

$3x-3k-8x=-20,\ -5x=-20+3k$

$\therefore x=4-\dfrac{3}{5}k$

$4-\dfrac{3}{5}k$가 정수가 되려면 k는 5의 배수이어야 한다.

따라서 k가 될 수 있는 수는 5, 10, 15, 20, … 이다.

이 중 $4-\dfrac{3}{5}k<0$이 되게 하는 k의 최솟값은 10이다.

3 $3(x-4)=2(2x-5)-3$에서

$3x-12=4x-10-3$

$\therefore x=1$

따라서 ㉠의 해는 $x=2$이다.

㉡에 $x=2$를 대입하면

$p(2-4)-6(q+1)-12=0$

$-2p-6q-6-12=0$

$2p+6q=-18$

$\therefore p+3q=-9$

4 $px+2>px-7$이므로

$(px+2)\odot(px-7)=px+2$

$px+2=3x+q$, $(p-3)x=q-2$

x의 값이 무수히 많으므로 $p-3=0$, $q-2=0$

$\therefore p=3$, $q=2$

$\therefore p+q=3+2=5$

핵심 문제 **03** 82쪽

1 (17, 18, 24, 25)   **2** 74   **3** 1 : 2   **4** 14점

1 직사각형 안의 네 수 중 가장 작은 수를 x라
할 때, 네 수는 오른쪽과 같다.

x	$x+1$
$x+7$	$x+8$

(네 수의 합)$=4x+16=84$

$4x=68$ $\therefore x=17$

2 처음 수의 십의 자리의 숫자를 x라고 하면

처음 수는 $10x+4$, 바꾼 수는 $40+x$이므로

$10x+4-(40+x)=27$

$9x=63$ $\therefore x=7$

따라서 처음 수는 $10\times7+4=74$

3 선분 PD의 길이를 x라 하면 선분 QC의 길이도 x이므로

$\square ABQP=4(32-2x)$

$\square ABCD=128$

즉, $4(32-2x)=\dfrac{1}{2}\times128$

$\therefore x=8$

따라서 선분 AP와 선분 PD의 길이의 비는

$(12-8):8=1:2$

4 지윤이가 이긴 횟수를 x회라 하면

$3x-(30-x)=3(30-x)-x+32$

$3x-30+x=90-3x-x+32$

$8x=152$, $x=19$

따라서 지윤이는 $3\times19-11=46$(점),

성재는 $3\times11-19=14$(점)이다.

응용 문제 **03** 83쪽

예제 ❸ $\dfrac{3}{5}$, $\dfrac{3}{10}$, $\dfrac{3}{10}$, $\dfrac{33}{10}$, 1, $\dfrac{4}{5}$, $\dfrac{4}{5}$, $\dfrac{14}{5}$ / $\dfrac{33}{10}$, $\dfrac{14}{5}$

1 85점   **2** $\dfrac{20}{25}$

3 (1) $a=3(k-1)$, $c=3(k+1)$ (2) 45   **4** 73명

1 최저 합격 점수를 x점이라 하면

합격자의 평균은 $(x+10)$점,

불합격자의 평균은 $\dfrac{x+5}{2}$점이다.

(전체 평균)$=x-30$(점)이므로

$x-30=\left\{20(x+10)+80\times\dfrac{x+5}{2}\right\}\div100$

$100x-3000=20x+200+40x+200$, $40x=3400$

$\therefore x=85$

2 $\dfrac{4k+6}{5k+14}=\dfrac{2}{3}$

$3(4k+6)=2(5k+14)$

$12k+18=10k+28$, $2k=10$

$\therefore k=5$

$\therefore A=\dfrac{4\times5}{5\times5}=\dfrac{20}{25}$

3 (2) $\dfrac{3(k-1)+3k+1}{2}-\dfrac{3(k-1)+3(k+1)}{5}=8$

$5(3k-1)-6k=40$, $9k=45$

$\therefore k=5$

따라서 $a=12$, $b=15$, $c=18$이므로

$a+b+c=45$

4 의자의 개수를 x개라고 하면

$4x+9=5(x-7)+4\times7$, $4x+9=5x-35+28$

$\therefore x=16$

따라서 학생 수는 $4x+9=4\times16+9=73$(명)

핵심문제 04

1 오전 9시 45분 **2** 60 km **3** 84 m

4 (1) $x-2$ (2) $\dfrac{73}{2}$ km

1 두 사람이 만나는 데 걸린 시간을 x분이라 하자.

(희철이가 걸은 거리)$=60x(\text{m})$

(준성이가 걸은 거리)$=80x(\text{m})$

$60x+80x=2100$

$140x=2100$ $\therefore x=15$

따라서 두 사람이 만나는 시각은 오전 9시 45분이다.

2 A지점에서 B지점까지의 거리를 x km라 하면

$(\text{걸린 시간})=\dfrac{(\text{거리})}{(\text{속력})}$이므로

A지점에서 B지점까지 가는 데 열차가 걸린 시간은

$\dfrac{x}{60}$(시간)이고 버스가 걸린 시간은 $\dfrac{x}{40}$(시간)이다.

또한, 걸린 시간의 차는 30분$\left(=\dfrac{1}{2}\text{시간}\right)$이므로

$\dfrac{x}{40}-\dfrac{x}{60}=\dfrac{1}{2}$

$3x-2x=60$

$\therefore x=60$

3 열차의 길이를 x m라 하면

다리를 통과하는 속력은 $\dfrac{360+x}{12}$(m/초),

터널을 통과하는 속력은 $\dfrac{1100+x}{32}$(m/초)이므로

$\dfrac{360+x}{12}=\dfrac{1100+x}{32}$

양변에 96을 곱하면

$8(360+x)=3(1100+x)$

$2880+8x=3300+3x$

$5x=420$ $\therefore x=84$

따라서 열차의 길이는 84 m이다.

4 (1) $\dfrac{1}{100}+\dfrac{x-2}{150}+\dfrac{1}{100}=\dfrac{1}{4}$

(2) $3+2(x-2)+3=75$

$2x=73$ $\therefore x=\dfrac{73}{2}(\text{km})$

응용문제 04

예제 4 4, 4, 3, $\dfrac{36}{5}$, $\dfrac{10}{3}$ / $\dfrac{10}{3}$

1 87 m/분 **2** 12 km/시 **3** 730 **4** 시속 35 km

1 동권이의 속력을 매분 x m라 하자.

반대 방향으로 출발할 때, 만날 때까지 두 사람이 걸은 거리의

합은 운동장 한 바퀴이다.

$58×6+x×6=(\text{운동장 한 바퀴})$

같은 방향으로 출발할 때, 만날 때까지 두 사람이 걸은 거리의

차는 운동장 한 바퀴이다.

$x×30-58×30=(\text{운동장 한 바퀴})$

따라서 $348+6x=30x-1740$

$24x=2088$ $\therefore x=87(\text{m/분})$

2 집에서 역까지의 거리를 x km라 하면

$\dfrac{x}{15}+\dfrac{20}{60}=\dfrac{x}{9}-\dfrac{20}{60}$, $3x+15=5x-15$

$\therefore x=15(\text{km})$

구하는 속력을 y(km/시)라 하면

$\dfrac{15}{15}+\dfrac{20}{60}=\dfrac{15}{y}+\dfrac{5}{60}$, $\dfrac{15}{y}=\dfrac{15}{12}$

$\therefore y=12(\text{km/시})$

3 철교의 길이는 b m이므로

A열차의 속력은 매초 $\dfrac{b+440}{40}$ m,

B열차의 속력은 매초 $\dfrac{b+200}{32}$ m이다.

$\dfrac{b+440}{40}=\dfrac{b+200}{32}$

양변에 160을 곱하면 $4(b+440)=5(b+200)$

$4b+1760=5b+1000$ $\therefore b=760$

두 열차의 속력은 $\dfrac{760+440}{40}=30=a$

$\therefore b-a=760-30=730$

4 기차의 속력을 시속 x km라 하자.

기차 사이의 간격은 기차와 사람이 같은 방향으로 갈 때 기차

와 사람이 16분 동안 간 거리의 차와 같고, 기차와 사람이 반

대 방향으로 갈 때 기차와 사람이 12분 동안 간 거리의 합과

같다.

따라서 $(x-5)×\dfrac{16}{60}=(x+5)×\dfrac{12}{60}$

양변에 60을 곱하면 $16(x-5)=12(x+5)$

$16x-80=12x+60$, $4x=140$

$\therefore x=35$

1 20 g   **2** (1) 15   (2) 235   **3** 42명

4 12000원

1
$$25+x=\frac{15}{100}\times(280+x)$$

양변에 20을 곱하면 $500+20x=3(280+x)$

$500+20x=840+3x$

$17x=340$

$\therefore x=20$

2 (1)
$$\frac{4}{100}\times705+a=\frac{6}{100}\times(705+a)$$

양변에 50을 곱하면

$1410+50a=2115+3a$

$47a=705$ $\therefore a=15$

(2)
$$\frac{4}{100}\times705=\frac{6}{100}\times(705-b)$$

양변에 50을 곱하면

$1410=2115-3b$

$3b=705$ $\therefore b=235$

3 작년에 가입된 여자 회원 수를 x명이라 하면

작년에 가입된 남자 회원 수는 $(100-x)$명이다.

(올해 증가한 여자 회원 수)$=0.05x$(명)

(올해 감소한 남자 회원 수)$=3$(명)

전체적으로 1명이 감소했으므로

$0.05x-3=-1$

$5x-300=-100$

$5x=200$ $\therefore x=40$

따라서 올해 이 동호회의 여자 회원 수는

$40+40\times0.05=42$(명)

4 상품의 원가를 x원이라 하면

(정가)$=\left(1+\dfrac{25}{100}\right)x=\dfrac{5}{4}x$(원)

(판매가격)$=\left(1-\dfrac{10}{100}\right)\times\dfrac{5}{4}x=\dfrac{9}{8}x$(원)

이때 (판매가격)$-$(원가)$=$(이익)이므로

$$\frac{9}{8}x-x=1500$$

$$\frac{1}{8}x=1500$$

$$\therefore x=12000$$

예제 5 200, 10, $2x$, 10, 300, $\dfrac{10+x}{3}$, $\dfrac{10+x}{3}$, 8 / 8 %

1 (1) 올해 남학생 수 : $1.1x$명,

   올해 여학생 수 : $0.9(950-x)$명

   (2) 484명

2 2500원   **3** 154.8 g   **4** 400만 원

1 (1) 작년 남학생 수를 x명이라 하면 올해 남학생 수는 $1.1x$명

작년 여학생 수는 $(950-x)$명이므로 올해 여학생 수는

$0.9(950-x)$명

(2) 올해의 전체 학생 수는

$1.1x+0.9(950-x)=943$

$11x+8550-9x=9430$

$2x=880$

$\therefore x=440$

따라서 올해 남학생 수는 $1.1\times440=484$(명)

2 1개의 원가가 x원일 때, 정가는 $(x+2000)$원이다.

$0.8(x+2000)\times100=(x+2000-1500)\times120$

$80x+160000=120x+60000$

$40x=100000$

$\therefore x=2500$

3 금의 무게를 x g이라 하면 은의 무게는 $(285-x)$ g이다.

물 속에서 가벼워진 무게는

금: $\dfrac{1}{18}x$ g, 은: $\dfrac{2}{21}(285-x)$ g

이고, 전체 $285-264=21$(g)이 가벼워졌다.

$$\frac{1}{18}x+\frac{2}{21}(285-x)=21$$

$\therefore x=154.8$

4 월 소득액을 a원이라 하면

$$\frac{x}{100}\times300+\frac{x+5}{100}\times(a-300)=\frac{x+1.25}{100}\times a$$

$300x+ax+5a-300x-1500=ax+1.25a$

$3.75a=1500$

$\therefore a=400$(만 원)

1 9   **2** 9시간 36분

3 민정 : 28000원, 민호 : 22000원

4 $A=180$, $B=\dfrac{180}{11}$, $C=\dfrac{540}{11}$

1 창섭이와 지효가 하루에 하는 일의 양은 각각 $\dfrac{1}{15}$, $\dfrac{1}{x}$이다.

$$\dfrac{1}{15}\times 5+\dfrac{1}{x}\times(x-3)=1$$

$$\dfrac{x-3}{x}=\dfrac{2}{3}$$

$$3(x-3)=2x,\ 3x-9=2x$$

$$\therefore x=9$$

2 전체 물통의 물의 양을 1이라고 하면

A, B호스가 1시간 동안 채우는 물의 양은 각각 $\dfrac{1}{8}$, $\dfrac{1}{16}$이고,

C호스가 1시간 동안 빼는 물의 양은 $\dfrac{1}{12}$이다.

물통에 물을 가득 채우는 데 걸리는 시간을 x시간이라고 하면

$$\left(\dfrac{1}{8}+\dfrac{1}{16}-\dfrac{1}{12}\right)\times x=1$$

$$(6+3-4)x=48$$

$$\therefore x=\dfrac{48}{5}=9\dfrac{3}{5}=9\dfrac{36}{60}(\text{시간})$$

따라서 9시간 36분이 걸린다.

3 민정이가 처음 어머니께 받은 용돈을 x원이라 하면 민호가 받은 용돈은 $(50000-x)$원이다.

두 사람이 이번 달에 쓰고 남은 용돈은 각각

$\dfrac{4}{7}x$원, $\dfrac{2}{5}(50000-x)$원

이다. 일차방정식을 세우면

$$\dfrac{4}{7}x:\dfrac{2}{5}(50000-x)=20:11$$

$$8(50000-x)=\dfrac{44}{7}x$$

$$\therefore x=28000$$

따라서 처음에 민정이는 28000원, 민호는 22000원을 받았다.

4 (i)   (ii)

예제 ⑥ $4x$, 2, 8, 6, 24, 38 / 38

1 2일   **2** 600 g

3 (1) 5시 $\dfrac{300}{11}$분   (2) 9시 $\dfrac{540}{11}$분   (3) 4시간 $\dfrac{240}{11}$분

1 전체 일의 양을 1이라 하면 A, B, C가 각각 하루에 하는 일의 양은 $\dfrac{1}{24}$, $\dfrac{1}{12}$, $\dfrac{1}{8}$이다.

C가 x일 동안 일을 하였다면 B는 $(14-4-x)$일, A는 2일 동안 일을 하고 일을 완성했으므로

$$\dfrac{2}{24}+\dfrac{10-x}{12}+\dfrac{x}{8}=1$$

$$2+20-2x+3x=24,\ x+22=24 \qquad \therefore x=2$$

2 섞기 전 A 물감통에 들어 있던 물감의 양을 x g이라 하면 섞기 전 B 물감통에 들어 있던 물감의 양은 $(1000-x)$ g이다.

파란색 물감의 양을 비교하면

$$\dfrac{7}{12}x+\dfrac{5}{8}(1000-x)=\dfrac{3}{5}\times 1000$$

양변에 24를 곱하면

$$14x+15(1000-x)=14400$$

$$\therefore x=600$$

03 (1) 5시 정각에 두 바늘이 이루는 작은 쪽의 각은

$30°\times 5=150°$이었다.

5시 x분에 시침은 $0.5x°$ 회전하였고, 분침은 $6x°$ 회전하였다.

두 바늘이 겹쳐 있었으므로

$$6x-150=0.5x,\ 5.5x=150$$

$$\therefore x=\dfrac{300}{11}$$

따라서 공부를 시작한 시각은 5시 $\dfrac{300}{11}$분

(2) 9시 정각에 두 바늘이 이루는 큰 쪽의 각은 $30°\times 9=270°$이다.

9시 x분에 시침은 $0.5x°$ 회전하였고, 분침은 $6x°$ 회전하였다.

두 바늘이 겹쳐 있었으므로

$$6x-270=0.5x,\ 5.5x=270,\ x=\dfrac{540}{11}$$

따라서 공부를 끝마친 시각은 9시 $\dfrac{540}{11}$분

(3) 9시 $\dfrac{540}{11}$분$-$5시 $\dfrac{300}{11}$분$=$4시간 $\dfrac{240}{11}$분

90~97쪽

01 $a \neq 3$, $b = 3$	**02** -4	**03** 3
04 $-\dfrac{4}{3}$	**05** -7	**06** $-\dfrac{3}{20}$	**07** $\dfrac{19}{2}$
08 $\dfrac{3}{2}$	**09** 19	**10** $x = 3$	**11** 3
12 $100\,\%$	**13** 20마리	**14** $4 : 3$	**15** 160명
16 90000원	**17** $90\,g$	**18** $\dfrac{10}{3}$초
19 $x = 20$, $y = 140$	**20** $800\,g$	**21** 6
22 분속 $8\,m$	**23** 시속 $43.2\,km$
24 $25\,km$

01 주어진 방정식을 정리하면

$ax - 3x = 12 - 4b$, $(a-3)x = 12 - 4b$

에서 $x = 0$이므로 $a \neq 3$, $12 - 4b = 0$

$\therefore a \neq 3$, $b = 3$

02 $5x + 6 = 4x - a$에서 $x = -a - 6$,

$\dfrac{x-1}{3} + \dfrac{x-2a}{5} = 1$에서 $x = \dfrac{10 + 3a}{4}$

따라서 $-a - 6 = 4 \times \dfrac{10 + 3a}{4}$이므로

$-a - 6 = 10 + 3a$, $4a = -16$

$\therefore a = -4$

03 $-2a + \dfrac{2}{9}ax = \dfrac{2}{3}x - 6$, $\dfrac{2}{9}ax - \dfrac{2}{3}x = -6 + 2a$,

$\left(\dfrac{2}{9}a - \dfrac{2}{3} \right)x = -6 + 2a$

해가 무수히 많기 위해서는 $0 \cdot x = 0$ 꼴이 되어야 하므로

$\dfrac{2}{9}a - \dfrac{2}{3} = 0$, $-6 + 2a = 0$

$\therefore a = 3$

04 양변에 6을 곱하면

$2(x+4) - 3(ax-3) = 6x + 7$

$2x - 3ax - 6x = -10$, $(4 + 3a)x = 10$

해가 없으므로 $4 + 3a = 0$

$\therefore a = -\dfrac{4}{3}$

05 $4a + 2b = 5a - 2b$에서 $a = 4b$이므로

$\dfrac{2a+b}{a-b} = \dfrac{8b+b}{4b-b} = \dfrac{9b}{3b} = 3 (\because b \neq 0)$

즉, $x = 3$이 방정식 $5x + m = 8$의 해이므로

$5 \times 3 + m = 8$ $\therefore m = -7$

06 $\dfrac{x+2}{4} = \dfrac{2a-3}{3} + 2$의 양변에 12를 곱하여 정리하면

$3x = 8a + 6$, $x = \dfrac{8a+6}{3}$ $\cdots$ ㉠

$\dfrac{x+1+2a}{2} = \dfrac{3a+3}{5}$의 양변에 10을 곱하여 정리하면

$5x = 1 - 4a$, $x = \dfrac{1-4a}{5}$ $\cdots$ ㉡

㉠이 ㉡의 5배이므로

$\dfrac{8a+6}{3} = 5 \times \dfrac{1-4a}{5}$

$8a + 6 = 3(1 - 4a)$, $20a = -3$

$\therefore a = -\dfrac{3}{20}$

07 $a : b : c = 1 : 2 : 4$이므로 $a = k$, $b = 2k$, $c = 4k(k \neq 0)$이라 하면

$m = \dfrac{a-b-c}{a+b+c} = \dfrac{k-2k-4k}{k+2k+4k} = -\dfrac{5}{7}$

$n = \dfrac{ab+bc+ca}{2b^2} = \dfrac{2k^2+8k^2+4k^2}{8k^2} = \dfrac{7}{4}$

$m = -\dfrac{5}{7}$, $n = \dfrac{7}{4}$을 $7m + 2x = 8n$에 대입하면

$-5 + 2x = 14$ $\therefore x = \dfrac{19}{2}$

08 (i) $2x - 1 < 1$일 때, $1 ▲ (2x-1) = 1$이므로 $1 \neq 2$

따라서 식을 만족시키는 x의 값은 존재하지 않는다.

(ii) $2x - 1 > 1$일 때, $x > 1$

$1 ▲ (2x-1) = 2x - 1$이므로 $2x - 1 = 2$

$\therefore x = \dfrac{3}{2}$

09 $a + b = 3a + 5b$에서 $a = -2b$이므로

$\dfrac{3a-2b}{2a+b} = \dfrac{-6b-2b}{-4b+b} = \dfrac{-8b}{-3b} = \dfrac{8}{3}$

방정식의 해가 $x = \dfrac{8}{3}$이므로

$-6 \times \dfrac{8}{3} + m = 3$ $\therefore m = 19$

10 (i) $x < -4$일 때 $-3(x+4) = 5x + 6$이므로

$-8x = 18$ $\therefore x = -\dfrac{9}{4}$

그런데 $-\dfrac{9}{4} > -4$이므로 $-\dfrac{9}{4}$는 해가 아니다.

(ii) $x \geq -4$일 때 $3(x+4) = 5x + 6$이므로

$-2x = -6$ $\therefore x = 3$

따라서 (i), (ii)에 의해 $x = 3$

11
$$0.2a(x-3)=0.6(x+2)$$
$2a(x-3)=6(x+2)$에서
$$(2a-6)x=12+6a$$
이때 이를 만족하는 x가 존재하지 않으려면 이 식은
$0 \cdot x = (0$이 아닌 수$)$의 꼴이어야 한다. 즉
$2a-6=0,\ 12+6a\neq0$ $\therefore a=3$

12 원가 x원에 y %의 이익을 붙였다고 하면
정가는 $\left(x+x\times\dfrac{y}{100}\right)$원이고,
판매 가격은 $0.7\left(x+\dfrac{xy}{100}\right)$원이다.
$0.7\left(x+\dfrac{xy}{100}\right)=x+\dfrac{40}{100}x,\ 700x+7xy=1400x$
에서 양쪽을 $7x$로 나누면 $100+y=200$
$\therefore y=100$

13 처음에 산 양을 x마리라 하면 1년 후의 양의 수는 $3x-20$
2년 후의 양의 수는 $3(3x-20)-20$,
3년 후의 양의 수는 $3\{3(3x-20)-20\}$
3년 후의 양의 수가 300마리이므로
$3\{3(3x-20)-20\}=300$ $\therefore x=20$

14 농도와 소금물의 양이 같으면 소금의 양도 같으므로
$$\dfrac{x\times100}{100}-\dfrac{x\times20}{100}=\dfrac{y\times100}{100}-\dfrac{y\times20}{100}+\dfrac{x\times20}{100}$$
$100x-20x=100y-20y+20x,\ 60x=80y$
$\therefore x:y=4:3$

15 의자 수를 x개라 하면
$4x+20=5(x-15)+15\times4,\ 4x+20=5x-15$
$\therefore x=35$
$\therefore$ (학생 수)$=4x+20=4\times35+20=160$(명)

16 한별이가 처음에 가지고 있었던 돈을 a원이라 하면
한솔이가 아직 갚지 않은 돈은
$\dfrac{2}{3}a\times\dfrac{3}{4}-\left(\dfrac{2}{3}a\times\dfrac{3}{4}\times\dfrac{1}{5}\right)=\dfrac{2}{3}a\times\dfrac{3}{4}\times\dfrac{4}{5}=\dfrac{2}{5}a$(원)
이므로 한별이가 저녁에 가진 돈은
$\dfrac{2}{3}a-\dfrac{2}{5}a=\dfrac{4}{15}a$(원)
이고, 저녁에 가진 돈의 $\dfrac{1}{3}$을 썼으므로
$\dfrac{4}{15}a\times\left(1-\dfrac{1}{3}\right)=\dfrac{8}{45}a=16000$
$\therefore a=16000\times\dfrac{45}{8}=90000$(원)

17 4 %의 소금물을 x g이라 하면 더 넣은 물의 양은 $3x$ g이고,
5 %의 소금물은 $(240-4x)$ g이므로

$$\dfrac{4}{100}x+\dfrac{5}{100}(240-4x)=\dfrac{3}{100}\times240$$
$\therefore x=30$
따라서 더 넣은 물의 양은 $3\times30=90$(g)

18 걸린 시간을 x초라 하면 점 P가 움직인 거리는 $4.8x$ cm,
점 Q가 움직인 거리는 $6x$ cm
이때 점 Q가 움직인 거리와 점 P가 움직인 거리의 차는
$\overline{\mathrm{AB}}-\overline{\mathrm{BH}}$이므로 $6x-4.8x=10-6$
$\therefore x=\dfrac{10}{3}$

19 A의 투자액의 합계는
$$250+(250-x)+(250-2x)+(250-3x)$$
$$+\cdots+(250-7x)$$
$$=2000-28x=1440$$
$\therefore x=20$
B의 투자액의 합계는
$$y+(y+40)+(y+2\times40)+(y+3\times40)+(y+4\times40)$$
$$+(y+5\times40)$$
$$=6y+600=1440$$
$\therefore y=140$

20 흰색과 검은색의 비율이 $9:1$인 것을 a g, 흰색과 검은색의
비율이 $3:7$인 것을 b g 섞으면
$$\dfrac{9a+3b}{10}:\dfrac{a+7b}{10}=3:1$$이므로 $a=3b$
$a:b=3:1=600:200$
따라서 최대 $600+200=800$(g)을 만들 수 있다.

21 소금의 양은 변하지 않으므로 $50a+100b=150\times10$에서
$a+2b=30 \cdots$ ㉠
$100a+50b=150\times8$에서
$2a+b=24 \cdots$ ㉡
㉠$-$㉡$=a+2b-(2a+b)=30-24$이므로
$b-a=6$

22 두 점 A, C가 같은 지점에서 출발 후 다시 만날 때까지의 거
리의 차와 두 점 B, C가 같은 지점에서 출발 후 다시 만날 때
까지의 거리의 합이 원주와 같으므로 점 C의 속력을 분속
x m라 하면
$$(32-x)\times5=(32+x)\times3$$
$160-5x=96+3x,\ 8x=64$
$\therefore x=8$

23 목적지까지의 거리를 x km라 하면
$$\dfrac{x}{36}-1=\dfrac{x}{54}+1,\ 3x-108=2x+108$$

$$\therefore x = 216$$

즉, 목적지까지 $\dfrac{216}{36} - 1 = 5$(시간)이 걸려야 한다.

따라서 정각 2시에 도착하려면 $\dfrac{216}{5} = 43.2$(km/시)의 속력

으로 달려야 한다.

24 집과 도서관 사이의 거리를 x km라 하면 출발 후 속력을 올리기 전까지의 거리는

$$20 \times \dfrac{15}{60} = 5\text{(km)}$$

되돌아올 때의 속력은

$$20 \times \left(1 + \dfrac{25}{100}\right) = 25\text{(km/시)}$$

이므로

$$\dfrac{15}{60} + \dfrac{5}{25} + \dfrac{4}{60} + \dfrac{x}{25} = \dfrac{x}{20} + \dfrac{16}{60}$$

$$\therefore x = 25$$

최상위 문제

98~105쪽

01 1, 2, 3 **02** (1) $x = -\dfrac{27}{41}$ (2) $x = -1$

03 $2b = a + c$ (단, $a \neq c$) **04** $x = -1$ **05** 풀이 참조

06 $x = \dfrac{14}{3}$ **07** 2 **08** $x = \dfrac{8}{9}$ **09** 풀이 참조

10 10 **11** $-\dfrac{19}{2}$ **12** $x = \dfrac{33}{17}$ **13** $\dfrac{21}{17}$ km

14 120톤 **15** 오후 2시 36분 40초 **16** 8100만 원

17 15 km **18** 3일 **19** 40 km **20** 225초

21 240 **22** 250권 **23** 480 g **24** 69점

01 양변에 4를 곱하면

$$8x - 3(x + a) = -12,\ 5x = 3a - 12$$

$$\therefore x = \dfrac{3a - 12}{5}$$

해가 음수이므로

$$x = \dfrac{3a - 12}{5} < 0 \qquad \therefore a = 1,\ 2,\ 3$$

02 (1) (좌변) $= \dfrac{x + \dfrac{4x}{3}}{3} = \dfrac{x + \dfrac{4x}{9}}{3} = \dfrac{\dfrac{13x}{9}}{3} = \dfrac{13}{27}x$

$$\dfrac{13}{27}x = 2x + 1,\ 13x = 27(2x + 1),\ 41x = -27$$

$$\therefore x = -\dfrac{27}{41}$$

(2) (좌변) $= \dfrac{\dfrac{5x}{4}}{\dfrac{8 + 2}{4x}} = \dfrac{20x^2}{40} = \dfrac{1}{2}x^2,\ \dfrac{1}{2}x^2 = \dfrac{1}{2}x^2 + x + 1$

$$\therefore x = -1$$

03 양변에 $(b - a)(b - c)$를 곱하면

$$(b - c)(x - a) + (b - a)(x - c) = 2(b - a)(b - c)$$

$$bx - ab - cx + ac + bx - bc - ax + ac$$

$$= 2b^2 - 2ab - 2bc + 2ac$$

$$(2b - a - c)x = b(2b - a - c)$$

해가 무수히 많기 위해서는 $0 \times x = 0$의 꼴이어야 하므로

$$2b - a - c = 0$$

$$\therefore 2b = a + c \text{ (단, } a \neq c)$$

04 $ax\left(\dfrac{1}{b} + \dfrac{1}{c}\right) + bx\left(\dfrac{1}{c} + \dfrac{1}{a}\right) + cx\left(\dfrac{1}{a} + \dfrac{1}{b}\right) = 3$

$$ax\left(\dfrac{b + c}{bc}\right) + bx\left(\dfrac{a + c}{ac}\right) + cx\left(\dfrac{a + b}{ab}\right) = 3$$

$$ax\left(\dfrac{-a}{bc}\right) + bx\left(\dfrac{-b}{ac}\right) + cx\left(\dfrac{-c}{ab}\right) = 3\ (\because a + b + c = 0)$$

$$\left(\dfrac{-a^2}{bc} + \dfrac{-b^2}{ac} + \dfrac{-c^2}{ab}\right)x = 3$$

괄호 안을 통분하여 간단히 하면

$$\dfrac{-a^3 - b^3 - c^3}{abc}x = 3$$

$$\dfrac{-(a + b + c)(a^2 + b^2 + c^2 - ab - bc - ca) - 3abc}{abc}x = 3$$

$a + b + c = 0$이므로 $-3x = 3$

$$\therefore x = -1$$

05 주어진 식의 양변에 12를 곱하면

$$4(x - 6) - 3x = x - 12a \qquad \therefore 0 \cdot x = 24 - 12a$$

$\left[\begin{array}{l} a = 2\text{일 때, 해가 무수히 많다.} \\ a \neq 2\text{일 때, 해가 없다.} \end{array}\right.$

06 $(1 - a)x - 5 = bx + 2b$를 정리하면

$$(1 - a - b)x = 2b + 5$$

해가 무수히 많으려면 $0 \cdot x = 0$의 꼴이어야 하므로

$2b + 5 = 0$에서 $b = -\dfrac{5}{2}$

$1 - a - b = 0$에서 $1 - a - \left(-\dfrac{5}{2}\right) = 0$

$$\therefore a = \dfrac{7}{2}$$

$a=\dfrac{7}{2}$을 $\dfrac{x-1}{4}-\dfrac{x}{2a}=\dfrac{1}{4}$에 대입하여 정리하면

$7(x-1)-4x=7,\ 3x=14$

$\therefore x=\dfrac{14}{3}$

07 방정식 $3(x-2)-2=-x-12$를 풀면

$3x-6-2=-x-12$

$4x=-4 \qquad \therefore x=-1$

따라서 방정식 $4x+5=x+a$는 $x=-1$을 해로 가질 수 없으므로 대입하면 등식이 성립하지 않는다.

즉, $4\times(-1)+5\neq-1+a$

$\therefore a\neq2$

08 $4(3x+k)-13=3(3x-2)+2k$에서

$12x+4k-13=9x-6+2k$

$3x=-2k+7 \qquad \therefore x=\dfrac{-2k+7}{3}$

이때 $\dfrac{-2k+7}{3}$이 자연수가 되려면 $-2k+7$이 3의 배수가 되어야 하므로 k의 값은 2이다.

$\dfrac{k-3}{5}(3x-1)=\dfrac{3}{4}(x-k)+\dfrac{1}{2}$에 $k=2$를 대입하면

$\dfrac{2-3}{5}(3x-1)=\dfrac{3}{4}(x-2)+\dfrac{1}{2}$

양변에 20을 곱하면

$-4(3x-1)=15(x-2)+10,\ -12x+4=15x-30+10$

$27x=24 \qquad \therefore x=\dfrac{8}{9}$

09 $ax-b+3=0$에서 $ax=b-3$

(i) $a\neq0$일 때 양변을 a로 나누면 $x=\dfrac{b-3}{a}$

(ii) $a=0,\ b=3$일 때 $0\cdot x=0$의 꼴이므로 해는 모든 수이다.

(iii) $a=0,\ b\neq3$일 때 $0\cdot x=(0$이 아닌 수)의 꼴이므로 해는 없다.

10 $ab(x-a-b)+bc(x-b-c)+ca(x-c-a)=3abc$

$abx-ab(a+b)+bcx-bc(b+c)+cax-ca(c+a)$
$=3abc$

$abx+bcx+cax$
$=ab(a+b)+bc(b+c)+ca(c+a)+3abc$

$(ab+bc+ca)x$
$=ab(a+b+c)-abc+bc(a+b+c)-abc$
$\qquad\qquad\qquad +ca(a+b+c)-abc+3abc$
$=ab(a+b+c)+bc(a+b+c)+ca(a+b+c)$
$=(ab+bc+ca)(a+b+c)$

따라서 양변을 $ab+bc+ca$로 나누면

$x=a+b+c$

x의 값을 p라고 할 때, $\dfrac{10p}{a+b+c}$의 값은 10이다.

11 $(3a+4)x+2b-5=2ax+4b$의 해가 두 개 이상이므로 이 방정식의 해는 무수히 많다.

즉 $3a+4=2a,\ 2b-5=4b \qquad \therefore a=-4,\ b=-\dfrac{5}{2}$

또한 $3x+2a=c(x+2b)$의 해는 존재하지 않으므로

$3x+2a=cx+2bc$에서 $c=3,\ 2a\neq2bc \qquad \therefore c=3$

$a+b-c=(-4)+\left(-\dfrac{5}{2}\right)-3=-\dfrac{19}{2}$

12 $\dfrac{3a(x-2)}{4}-\dfrac{3-bx}{5}=\dfrac{3}{20}$의 양변에 20을 곱하면

$15a(x-2)-4(3-bx)=3$에서

$(15a+4b)x=30a+15 \cdots$ ㉠

상연이가 a를 $-\dfrac{1}{3}$로 잘못 보고 구한 해가 $x=1$이므로

$a=-\dfrac{1}{3},\ x=1$을 ㉠에 대입하면

$\left\{15\times\left(-\dfrac{1}{3}\right)+4b\right\}\times1=30\times\left(-\dfrac{1}{3}\right)+15$

$\therefore b=\dfrac{5}{2}$

예슬이가 b를 6으로 잘못 보고 구한 해가 $x=\dfrac{5}{3}$이므로

$b=6,\ x=\dfrac{5}{3}$을 ㉠에 대입하면

$(15a+4\times6)\times\dfrac{5}{3}=30a+15 \qquad \therefore a=5$

따라서 $a=5,\ b=\dfrac{5}{2}$를 ㉠에 대입하여 정리하면

$85x=165 \qquad \therefore x=\dfrac{33}{17}$

13 한솔이가 20분 후에 정상에 도착할 때, 한별이는 출발 지점으로부터 $\dfrac{16}{6}$ km 지점에 와 있다.

한솔이와 한별이 사이의 거리는 $5-\dfrac{16}{6}=\dfrac{14}{6}$(km)이고,

만날 때까지의 시간을 x분이라 하면

$\dfrac{18}{60}x+\dfrac{16}{60}x=\dfrac{14}{6} \qquad \therefore x=\dfrac{70}{17}$

$\therefore \dfrac{18}{60}\times\dfrac{70}{17}=\dfrac{21}{17}$(km)

14 하루 유입량을 x톤이라 하면

(하루 공급량)$=\dfrac{2400+30x}{30}=80+x$

(가뭄 때 유입량)$=\dfrac{1}{3}x$

$\left(2400+\dfrac{1}{3}x\times12\right)\div(80+x)=12$에서 $x=180$

이므로 하루 공급량은 260톤이다.

가뭄 때의 하루 공급량을 y톤이라 하면

$\left(2400+\dfrac{180}{3}\times30\right)\div y=30$ $\quad\therefore y=140$

따라서 구하는 감소량은 $260-140=120$(톤)

15 B가 걸은 시간을 x분이라 하면

$130x-1500=70(x+10)$

$\therefore x=\dfrac{110}{3}=36\dfrac{2}{3}$

따라서 구하는 시각은 오후 2시 36분 40초

16 기업이 주어야 할 총 상여금을 x만 원이라 하면 A와 B가 받는 상여금은 각각

$100+\dfrac{1}{10}(x-100)=\dfrac{1}{10}x+90$(만 원),

$200+\dfrac{1}{10}\left\{x-\left(\dfrac{1}{10}x+90+200\right)\right\}=\dfrac{9}{100}x+171$(만 원)

모든 사원이 받는 상여금이 같으므로

$\dfrac{1}{10}x+90=\dfrac{9}{100}x+171$ $\quad\therefore x=8100$

17 두 마을 사이의 거리를 x km, 가려고 하는 속력을 분속 v km라 하면

$\dfrac{x}{v+\frac{1}{2}}=\dfrac{x}{v}\times\dfrac{80}{100}\ \cdots\ ㉠,\quad \dfrac{x}{v-\frac{1}{2}}=\dfrac{x}{v}+\dfrac{5}{2}\ \cdots\ ㉡$

㉠에서 $2vx=4x(\because x>0)$ $\quad\therefore v=2$

$v=2$를 ㉡에 대입하면 $x=15$

18 전체 화물의 양을 1이라 하면

A화물차 한 대가 한 시간에 나를 수 있는 화물의 양 :

$\dfrac{1}{5\times8\times12}$

B화물차 한 대가 한 시간에 나를 수 있는 화물의 양 :

$\dfrac{1}{12\times10\times5}$

C화물차 한 대가 한 시간에 나를 수 있는 화물의 양 :

$\dfrac{1}{3\times8\times5}$

화물을 모두 나르는 데 x일이 걸린다고 하면

$\dfrac{1}{5\times8\times12}\times4\times8\times x+\dfrac{1}{12\times10\times5}\times5\times8\times x$

$\hspace{4cm}+\dfrac{1}{3\times8\times5}\times3\times8\times x=1$

$\dfrac{x}{15}+\dfrac{x}{15}+\dfrac{x}{5}=1$

$\therefore x=3$

19 전체 다리의 길이를 x km라 하면 상연이가 시속 10 km로 앞으로 가면 버스가 다리에 도달한 순간에 C지점에 도달한다. 따라서 상연이가 나머지 $\dfrac{2}{8}x$ km 거리를 달리는 시간과 버스가 다리를 건너는 시간은 같다.

$\dfrac{\frac{2}{8}x}{10}=\dfrac{x}{(\text{버스의 속력})}$

$\dfrac{1}{4}x\times\dfrac{1}{10}=\dfrac{x}{(\text{버스의 속력})}$

$\dfrac{x}{40}=\dfrac{x}{(\text{버스의 속력})}$

따라서 버스의 속력은 시속 40 km이다.

20 정지한 에스컬레이터의 아래에서부터 꼭대기까지의 거리를 x m라 하면 올라가는 에스컬레이터의 속력은

$x\div150=\dfrac{x}{150}$(m/초)

정지해 있는 에스컬레이터 위를 뛰어 내려가는 속력은

$x\div90=\dfrac{x}{90}$(m/초)

따라서 올라오는 에스컬레이터 위를 뛰어서 내려가는 속력은

$\dfrac{x}{90}-\dfrac{x}{150}=\dfrac{x}{225}$(m/초)

이때, 걸리는 시간은 $x\div\dfrac{x}{225}=225$(초)

21 시침은 60분에 30°만큼 움직이므로 1분에 0.5°씩 움직이고, 분침은 60분에 360°만큼 움직이므로 1분에 6°씩 움직인다. 따라서 시계가 가리키는 시각이 4시 x분일 때, 시침이 회전한 각도는 $4\times30+\dfrac{1}{2}x=120+\dfrac{1}{2}x$(도)이고, 분침이 회전한 각도는 $6x$도이다.

이때 시침과 분침이 서로 반대 방향으로 일직선을 이루면

(분침이 움직인 각)−(시침이 움직인 각)$=180°$이므로

$6x-\left(120+\dfrac{1}{2}x\right)=180,\ x=\dfrac{600}{11}$

$\therefore a=\dfrac{600}{11}$

시침과 분침이 직각을 이루면

① (분침이 움직인 각)−(시침이 움직인 각)$=90°$ 또는

② (시침이 움직인 각)−(분침이 움직인 각)$=90°$이므로

①: $6x-\left(120+\dfrac{1}{2}x\right)=90,\ x=\dfrac{420}{11}$

② : $\left(120+\dfrac{1}{2}x\right)-6x=90$, $x=\dfrac{60}{11}$

$\therefore b=\dfrac{420}{11}-\dfrac{60}{11}=\dfrac{360}{11}$

$\therefore 11(a-b)=11\times\dfrac{240}{11}=240$

22 책을 옮긴 후 상단에 있는 책의 권수를 x권이라 하고 그림으로 나타내어보면 다음과 같다.

$x+10$
$x\times\dfrac{5}{3}$
$x\times0.8-10$
〈처음〉

x
x
$x\times0.8$
〈책을 옮긴 후〉

처음에 상, 중, 하 3단에 있던 책은 모두 832권이므로

$(x+10)+\left(x\times\dfrac{5}{3}\right)+(x\times0.8-10)=832$

$\therefore x=240$

따라서 처음에 상단에 있던 책은 $240+10=250$(권)

23 $x\,$g의 설탕물을 덜어내어 서로 바꾸어 넣었다고 하면

A에 들어 있는 설탕물 중 설탕의 양은

$\dfrac{12}{100}\times(800-x)+\dfrac{20}{100}\times x=96+\dfrac{8}{100}x$

B에 들어 있는 설탕물 중 설탕의 양

$\dfrac{20}{100}\times(1200-x)+\dfrac{12}{100}\times x=240-\dfrac{8}{100}x$

나중에 A, B의 설탕물의 농도가 같으므로

$\dfrac{1}{800}\left(96+\dfrac{8}{100}x\right)\times100=\dfrac{1}{1200}\left(240-\dfrac{8}{100}x\right)\times100$

$\dfrac{1}{8}\left(96+\dfrac{8}{100}x\right)=\dfrac{1}{12}\left(240-\dfrac{8}{100}x\right)$

$288+\dfrac{24}{100}x=480-\dfrac{16}{100}x$

$\dfrac{40}{100}x=192$

$\therefore x=480$

24 16등한 학생의 점수를 x라 하면

전체 학생 100명의 평균 $x-36$(점)

수상자 16명의 평균 $x+6$(점)

나머지 84명의 평균 $\dfrac{x+6}{3}$(점)

$16(x+6)+84\left(\dfrac{x+6}{3}\right)=100(x-36)$

$16x+96+28x+168=100x-3600$

$44x+264=100x-3600$

$56x=3864$

$\therefore x=69$

---

01 13개	**02** $6(b-a)$개	**03** 0
04 27	**05** 111	**06** 125 **07** 4 : 5
08 100	**09** 36개	**10** 11 **11** 5536
12 15분	**13** 350 m	**14** 20 kg **15** 8대

01 $4b\le a+4b<16$에서 $0\le b\le3$이다.

  (i) $b=0$일 때 $a<16$, $|a|+a=2a<4$

    $\therefore a=0,\ 1(2$개$)$

  (ii) $b=1$일 때 $a<12$, $|a-1|+a<5$

    $\therefore a=0,\ 1,\ 2(3$개$)$

  (iii) $b=2$일 때 $a<8$, $|a-2|+a<6$

    $\therefore a=0,\ 1,\ 2,\ 3(4$개$)$

  (iv) $b=3$일 때 $a<4$, $|a-3|+a<7$

    $\therefore a=0,\ 1,\ 2,\ 3(4$개$)$

따라서 순서쌍 $(a,\ b)$의 개수는 $2+3+4+4=13$(개)이다.

02 두 자연수 $a=\dfrac{9a}{9}$와 $b=\dfrac{9b}{9}$ 사이에 분모가 9인 기약분수는

분자가 9와 서로소인 분수이므로

$\dfrac{9a+1}{9}$, $\dfrac{9a+2}{9}$, $\dfrac{9a+4}{9}$, $\dfrac{9a+5}{9}$, $\dfrac{9a+7}{9}$, $\dfrac{9a+8}{9}$,

$\dfrac{9(a+1)+1}{9}$, $\dfrac{9(a+1)+2}{9}$, $\dfrac{9(a+1)+4}{9}$,

$\dfrac{9(a+1)+5}{9}$, $\dfrac{9(a+1)+7}{9}$, $\dfrac{9(a+1)+8}{9}$, $\cdots$,

$\dfrac{9b-8}{9}$, $\dfrac{9b-7}{9}$, $\dfrac{9b-5}{9}$, $\dfrac{9b-4}{9}$, $\dfrac{9b-2}{9}$, $\dfrac{9a-1}{9}$

즉 두 자연수 a와 $a+1$, $a+1$과 $a+2$, $\cdots$, $b-1$과 b 사이에 분모가 9인 기약분수가 각각 6개씩 있으므로 구하는 기약분수의 개수는 $6(b-a)$개이다.

03 주어진 등식을 정리하면

$2ax-3ay-bx+2b=-cx-6y+6$

$(2a-b+c)x-3(a-2)y+2(b-3)=0$

모든 유리수 x, y에 대하여 성립하므로

$2a-b+c=0$, $a-2=0$, $b-3=0$

$\therefore a=2$, $b=3$, $c=-1$

$\therefore a-b-c=2-3+1=0$

04 $x-1<[x]\le x$이므로

$[x]=2x-\dfrac{13}{4}$에서 $x-1<2x-\dfrac{13}{4}\le x$

$\therefore \dfrac{9}{4}<x\le\dfrac{13}{4}$ $\therefore [x]=2$ 또는 $[x]=3$

(ⅰ) $[x]=2$일 때 $2x-2=\dfrac{13}{4}$이므로 $x=\dfrac{21}{8}$

(ⅱ) $[x]=3$일 때 $2x-3=\dfrac{13}{4}$이므로 $x=\dfrac{25}{8}$

그러므로 $\dfrac{b}{a}=\dfrac{21}{8}+\dfrac{25}{8}=\dfrac{46}{8}=\dfrac{23}{4}$에서 $a+b=27$이다.

05 처음에 피자 한 판을 사고 7판씩 피자를 더 사면 서비스 피자를 한 판씩 받을 수 있다.

따라서 먹은 피자의 수는 $(1+7)x+b=123$이므로

$x=15$일 때 $b=3$으로 식을 만족한다.

또한 결제한 피자의 수 $a=1+7x+b-1$이므로

$a=1+7\times15+3-1=108$

$\therefore a+b=108+3=111$

별해 피자 8판을 주문하고 받은 쿠폰 8장으로 9판째 주문한 피자 값을 지불하면 피자 8판 값으로 피자 9판을 먹을 수 있고 쿠폰 1장이 남는다.

$8\times13=104$, $9\times13=117$에서 피자 104판 값을 지불하면 피자 117판을 먹을 수 있고 쿠폰은 13장이 남는다. 이 쿠폰 13장으로 피자 1판을 더 주문하면 8장의 쿠폰을 주고 1장의 쿠폰을 더 받아서 남은 쿠폰은 6장이 된다. 즉, 피자 104판 값으로 피자 118판을 먹고 남은 쿠폰은 6장이 된다. 이제 피자 4판을 더 주문하면 쿠폰 4장을 더 받아서 가지고 있는 쿠폰은 10장이 되어서 피자 1판을 더 먹을 수 있고 남은 쿠폰은 3장이 된다.

따라서 $a=108$, $b=3$이므로

$a+b=108+3=111$

06 A그릇의 소금의 양은 $\dfrac{x\times300}{100}=3x$

B그릇의 소금의 양은

$\dfrac{(x-5)\times500}{100}=(x-5)\times5=5x-25$

A그릇의 소금물 100 g을 B그릇에 넣었으므로 소금물 100 g에 소금 x g을 B에 옮긴 것이므로 B그릇의 소금물의 양은 600 g, 소금의 양은

$5x-25+x=6x-25$(g)이다.

여기서 B그릇의 소금물 200 g을 A그릇에 넣었으므로

소금물 200 g에 소금 $\dfrac{1}{3}(6x-25)=2x-\dfrac{25}{3}$ (g)을

A그릇에 옮긴 것이다.

그러므로 A그릇에 소금물의 양은 $200+200=400$(g),

소금의 양은 $2x+2x-\dfrac{25}{3}=4x-\dfrac{25}{3}$ (g)

여기에서 A그릇의 소금물 200 g을 B그릇에 옮겼으므로

B그릇에 소금물의 양은 $400+200=600$(g)

소금의 양은

$\dfrac{2}{3}(6x-25)+\dfrac{1}{2}\left(4x-\dfrac{25}{3}\right)=6x-\dfrac{125}{6}$(g)

$\therefore ab=6\times\dfrac{125}{6}=125$

07 상자 A에 들어 있는 구슬의 개수는

$12+\dfrac{1}{3}(x-12)=\dfrac{1}{3}x+8$(개)

상자 B에 들어 있는 구슬의 개수는

$40+\dfrac{5}{8}\left\{\dfrac{2}{3}(x-12)-40\right\}=\dfrac{5}{12}x+10$

$\therefore \left(\dfrac{1}{3}x+8\right):\left(\dfrac{5}{12}x+10\right)$

$=12\left(\dfrac{1}{3}x+8\right):12\left(\dfrac{5}{12}x+10\right)$

$=4(x+24):5(x+24)$

$=4:5$

08 영어, 수학 두 시험에 합격한 응시자 수를 각각 a명, b명이라고 하면 영어, 수학 두 시험에 모두 합격한 응시자 수는 각각

$\dfrac{2}{5}a$명, $\dfrac{3}{5}b$명이므로

$\dfrac{2}{5}a=\dfrac{3}{5}b$ $\therefore b=\dfrac{2}{3}a$

(두 시험 중 적어도 한 시험에 합격한 응시자 수)

$=a+\dfrac{2}{3}a-\dfrac{2}{5}a=\dfrac{19}{15}a$(명)

또한, 영어, 수학 두 시험에 모두 불합격한 응시자 수가 전체 응시자 수의 24 %이므로 두 시험 중 적어도 한 시험에 합격한 응시자 수 $\dfrac{19}{15}a$명은 전체의 76 %이다.

따라서 전체 응시자 수를 S명이라고 하면

$\dfrac{19}{15}a=S\times\dfrac{76}{100}$ $\therefore a=\dfrac{3}{5}S$

(영어 시험의 합격률)$=\dfrac{\dfrac{3}{5}S}{S}\times100=60$(%),

(영어 시험의 불합격률)$=100-60=40$(%)이므로

$p=40$

한편 $b=\dfrac{2}{3}a=\dfrac{2}{3}\times\dfrac{3}{5}S=\dfrac{2}{5}S$이므로

(수학 시험의 합격률)$=\dfrac{\dfrac{2}{5}S}{S}\times100=40$(%),

(수학 시험의 불합격률)$=100-40=60$(%)이므로

$q=60$

$\therefore p+q=40+60=100$

09 에스컬레이터가 멈춰 있을 때의 계단의 수를 x개라 하면 A, B가 내려올 때, 실제 에스컬레이터가 내려온 계단 수는 각각 $(x-32)$개, $(x-24)$개이다.

에스컬레이터가 내려온 계단 수에 대한 A, B가 내려온 계단 수의 비율이 각각 $\dfrac{32}{x-32}$, $\dfrac{24}{x-24}$이고,

두 사람의 걷는 속력의 비가 $4:1$이므로

$$\dfrac{32}{x-32} : \dfrac{24}{x-24} = 4:1 \qquad \therefore x=36$$

10 $x-(m+3-2x)=5x-4$를 풀면

$$x=\dfrac{1-m}{2} \cdots ㉠$$

$\dfrac{3x+m}{5}+\dfrac{x-1}{2}=-1.7$의 양변에 10을 곱하면

$$2(3x+m)+5(x-1)=-17$$
$$6x+2m+5x-5=-17, \ 11x=-12-2m$$
$$x=-\dfrac{12+2m}{11} \cdots ㉡$$

세 일차방정식의 해가 같으므로 ㉠=㉡

즉, $\dfrac{1-m}{2}=-\dfrac{12+2m}{11}$, $11(1-m)=-2(12+2m)$

$$7m=35 \qquad \therefore m=5$$

㉠에 $m=5$를 대입하면 $x=-2$

$15-\{x-2(3-n)+2m\}=5$에 $x=-2$, $m=5$를 대입하여 정리하면 $n=4$

$$\therefore m+n-k=5+4-(-2)=11$$

11 모든 문자를 A를 사용한 식으로 표현하여 A를 미지수로 하는 일차방정식을 세운다.

$$A-15=B$$
$$B\div 3=C \Rightarrow (A-15)\div 3=C \qquad \therefore C=\dfrac{1}{3}A-5$$
$$C+4=D \Rightarrow D=\dfrac{1}{3}A-1$$
$$D+6=E \Rightarrow E=\dfrac{1}{3}A+5$$
$$E\times \dfrac{5}{2}=A \Rightarrow A=\dfrac{5}{6}A+\dfrac{25}{2}$$

$A=\dfrac{5}{6}A+\dfrac{25}{2}$에서 $6A=5A+75$ $\qquad \therefore A=75$

$B=60$, $C=20$, $D=24$, $E=30$

가장 큰 수와 두 번째로 큰 수를 이용하면 가장 큰 암호가 나오고, 가장 작은 수와 두 번째로 작은 수를 이용하면 가장 작은 암호가 나온다.

만들 수 있는 암호 중 가장 큰 수는 7560이고, 가장 작은 수는 2024이다.

$$\therefore 7560-2024=5536$$

12 오후 5시일 때 A시계가 가리키는 시각을 5시 x분이라 하면 A시계의 5시 x분부터 12시 45분까지의 시간은

$$(60-x)+60\times 6+45=465-x(분)$$

A, B시계의 진행된 시간의 비가 $360:336=15:14$이므로

$$(465-x):420=15:14 \qquad x=15$$

따라서 실제 오후 5시일 때, A시계는 5시 15분을 가리킨다.

13

8 m		x m		10 m	
4 m		4 m			4 m

4초 ⟶ 120초

승용차는 첫 번째 트럭을 추월하는 4초 동안 트럭보다

$$8+4=12(m)$$를 더 지나갔다.

즉, 두 차의 속력의 차이는 $\dfrac{12}{4}=3(m/초)$

두 트럭 사이의 거리를 $x\,m$라 하면

$$x+10=3\times(2\times 60)$$
$$\therefore x=350$$

14 두 번을 옮겨 담았을 때 두 통에 들어 있는 소금물의 양은 각각 $30\,kg$, $60\,kg$으로 변화가 없고 두 통의 농도가 같으므로 소금의 양은 B통이 A통의 2배이다.

처음 A통에서 꺼낸 소금의 양을 $x\,kg$이라 하고, 두 통의 소금의 양의 이동을 생각하여 식을 세우면

$$\left\{(30-x)\times \dfrac{2}{3}+x\times \dfrac{1}{6}\right\}\times 2 = x\times \dfrac{5}{6}+(30-x)\times \dfrac{1}{3}$$
$$\left(20-\dfrac{1}{2}x\right)\times 2=10+\dfrac{1}{2}x$$
$$\dfrac{3}{2}x=30 \qquad \therefore x=20(kg)$$

15 1분에 x대의 차가 주차장에 들어오고, 오후 5시에 주차장에 있던 차가 a대라고 하자.

$$a+x\times 50-12\times 50=0 \qquad \cdots ㉠$$
$$a+x\times 150-6\times 150=0 \qquad \cdots ㉡$$

㉠과 ㉡에서 $x\times 100=300$ $\qquad \therefore x=3$

㉠에서 $a+3\times 50=600$ $\qquad \therefore a=450(대)$

따라서 오후 6시 30분까지 주차장의 차를 모두 나가게 하려면 1분당 $450\div 90+3=8(대)$의 차를 나가게 해야 한다.

Ⅲ. 좌표평면과 비례관계

1 좌표평면과 그래프

핵심 문제 01   112쪽

1 P(-100) **2** 15개   **3** ①, ⑤   **4** ②

1 학교(0), 공원(150), 우체국(-200)이고
　도서관 위치는 0과 -200의 한 가운데 있으므로
　점 P의 좌표는 P(-100)

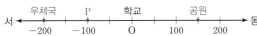

2 두 눈의 수의 곱이 6이 되는 순서쌍 (a, b)는
　$(1, 6), (2, 3), (3, 2), (6, 1)$ ➡ 4개
　두 눈의 수의 곱이 12가 되는 순서쌍 (a, b)는
　$(2, 6), (3, 4), (4, 3), (6, 2)$ ➡ 4개
　두 눈의 수의 곱이 18이 되는 순서쌍 (a, b)는
　$(3, 6), (6, 3)$ ➡ 2개
　두 눈의 수의 곱이 24가 되는 순서쌍 (a, b)는
　$(4, 6), (6, 4)$ ➡ 2개
　두 눈의 수의 곱이 30이 되는 순서쌍 (a, b)는
　$(5, 6), (6, 5)$ ➡ 2개
　두 눈의 수의 곱이 36이 되는 순서쌍 (a, b)는
　$(6, 6)$ ➡ 1개
　따라서 구하는 (a, b)의 개수는 15개

3 $(-a, ab)$는 제3사분면 위의 점이므로 $-a<0, ab<0$
　$\therefore a>0, b<0$
　① (a, b) ➡ 제4사분면
　② (b, a) ➡ 제2사분면
　③ $(a-b, a)$ ➡ 제1사분면
　④ $(ab, b-a)$ ➡ 제3사분면
　⑤ $(-b, -2a)$ ➡ 제4사분면

4 점 A$(-a+4, 5b-10)$은 x축 위의 점이므로
　$5b-10=0$ $\therefore b=2$
　점 B$\left(\dfrac{1}{2}b-a, a-b\right)$는 y축 위의 점이므로
　$\dfrac{1}{2}b-a=0, 1-a=0$ $\therefore a=1$
　$a-3b=-5, 2ab=4$
　점 C$(-5, 4)$는 제2사분면 위에 있다.

응용 문제 01   113쪽

예제 ① 4, 2, 6, 9 / 9개
1 풀이 참조   **2** ④   **3** ①

1 A$(3, 4)$, B$(-5, 0)$, C$(2, -3)$, 보물$(-3, 2)$

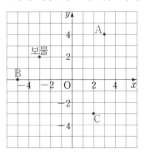

2 $-ab>0$에서 $ab<0$이므로 a와 b의 부호가 다르다.
　$a-b<0$에서 $a<b$이므로 $a<0, b>0$
　$b-2a>0, a-b^2<0$
　따라서 P$(b-2a, a-b^2)$는 제4사분면 위의 점이다.

3 제3사분면 위에 있는 모든 점의 $(x$좌표$)<0$이므로
　$1<|a|<3$을 만족시키는 정수 $a=-2$
　제2사분면 위에 있는 모든 점의 $(y$좌표$)>0$이므로
　$|2b|=10$을 만족시키는 정수 $b=5$
　$a+b=-2+5=3, a^2-ab=4+10=14$
　Q$(3, 14)$는 제1사분면 위의 점이다.

핵심 문제 02   114쪽

1 ③   **2** ⑤   **3** ①   **4** 7

1 점 A의 좌표는 $(a-1, 6)$
　점 B의 좌표는 $(-4-b, 2b)$
　두 점 A, B의 좌표가 같으므로
　$a-1=-4-b, 6=2b$
　$\therefore a=-6, b=3$
　$\therefore a+b=-3$

2 P$(4x+6, 5-2y)$, Q$(-2x, y-13)$이 원점에 대하여 서로
　대칭이므로
　$4x+6=2x, 5-2y=-y+13$
　각각의 일차방정식을 풀면 $x=-3, y=-8$
　$\therefore x-y=-3+8=5$

3 두 점 $P(4a, 2b)$, $Q(-a, b-6)$이 모두 y축 위에 있으므로
$4a=0$, $-a=0$ 이다. ∴ $a=0$
또한, 서로 x축에 대하여 대칭이므로 점 P의 x축에 대한
대칭점 $P'(4a, -2b)$는 $Q(-a, b-6)$과 같다.
즉, $-2b=b-6$ ∴ $b=2$
$R(b+2, a+5)$에 $a=0$, $b=2$를 대입하면 $R(4, 5)$이고,
제1사분면 위의 점이다.

4 $S=\dfrac{1}{2}\begin{vmatrix} 4 & 1 & 6 & 4 \\ 3 & -1 & 1 & 3 \end{vmatrix}$

$=\dfrac{1}{2}|(-4+1+18)-(3-6+4)|$

$=\dfrac{1}{2}|15-1|=7$

예제 ② $-4, 6, 6, 2, 16 / 16$

1 $(-5, 4)$　**2** 12　　　**3** -1　　　**4** 4

1 $(-7, a)$와 x축에 대하여 대칭인 점 A의 좌표는
$(-7, -a)$
점 A와 y축에 대하여 대칭인 점 B의 좌표는 $(7, -a)$
$(7, -a)=(b, 2)$이므로 $a=-2$, $b=7$
점 C의 좌표는 $(a+b, 2a)=(5, -4)$
따라서 점 C와 원점에 대하여 대칭인 점의 좌표는 $(-5, 4)$
이다.

2
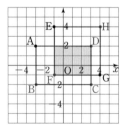
직사각형 ABCD와 정사각형 EFGH가 겹치는 부분의 넓이
는 $4\times3=12$이다.

3 두 점 $A(3a-7, 2b+1)$, $B(2a-3, 8-5b)$는 원점에 대하
여 대칭이므로
$(3a-7, 2b+1)=(-2a+3, -8+5b)$
$3a-7=-2a+3$, $5a=10$ ∴ $a=2$
$2b+1=-8+5b$, $-3b=-9$ ∴ $b=3$
점 $C(4-c, 6-c)$는 x축 위에 있는 점이므로

$6-c=0$ ∴ $c=6$
∴ $a+b-c=2+3-6=-1$

4 $\triangle OAB=\dfrac{1}{2}\begin{vmatrix} p & 0 & -5p & p \\ -q & 0 & 3q & -q \end{vmatrix}$

$=\dfrac{1}{2}|5pq-3pq|$

$=\dfrac{1}{2}|2pq|=2$

$2pq>0$인 경우 $pq=2$
$2pq<0$인 경우 $pq=-2$
∴ $p^2q^2=(pq)^2=2^2=(-2)^2=4$

---

1 (1) (다)　(2) (나)　(3) (가)　　**2** (1) 6 L　(2) $\dfrac{5}{2}$ L　(3) 60분

2 (1) 15분 동안 90 L의 물을 채울 수 있으므로
1분당 채울 수 있는 물의 양은 $\dfrac{90}{15}=6$(L)이다.

(2) 24분 동안 60 L의 물을 채울 수 있으므로
1분당 채울 수 있는 물의 양은 $\dfrac{60}{24}=\dfrac{5}{2}$(L)이다.

(3) B호스로 1분 동안 채울 수 있는 물의 양은
$6-\dfrac{5}{2}=\dfrac{7}{2}$(L)이다.

따라서 B호스로만 수조통을 채우는 데 걸리는 시간은
$210\div\dfrac{7}{2}=60$(분)

예제 ③ a, 일정, 증가, ④ / ④

1 (1) A : 2 cm, B : $\dfrac{6}{5}$ cm　(2) $\dfrac{15}{2}$분 후　　**2** ㄴ

1 (1) 양초 A는 12분만에 다 탔으므로 1분당 $24\div12=2$(cm)
가 탔다.

양초 B는 15분만에 다 탔으므로 1분당 $18\div15=\dfrac{6}{5}$(cm)
가 탔다.

(2) x분 후의 두 양초 길이의 차는 0 cm이다.

$$24-2x-\left(18-\frac{6}{5}x\right)=0$$

$$6-\frac{4}{5}x=0 \quad \therefore x=\frac{15}{2}$$

따라서 $\frac{15}{2}$분 후 두 양초의 남은 길이는 같게 된다.

2 ㄴ. 주현이가 집에서 출발하여 60분 동안의 속력은 분속 150 m이다.

심화 문제

118~123쪽

01 12 **02** 3 **03** D(1, 8) **04** $\left(\frac{23}{6},\ 0\right)$

05 14 **06** 12 **07** 42 **08** 10

09 (1) $S=4a+24$ (2) 4 **10** 8 **11** 24개

12 -25 **13** 4 **14** -2 **15** 1176개

16 18분 **17** (1) 8시 33분 (2) 160 m/분

(3) 8시 39분 (4) 240 m/분 **18** (1) 3 cm (2) 9 cm

01 점 B의 좌표는 $(-2, -3)$
점 C의 좌표는 $(2, 3)$이므로
△ABC의 넓이는
$$\frac{1}{2}\times4\times6=12$$

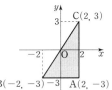

02 오른쪽 그림에서
$A(a, -1)$, $B(3, 4)$, $C(-2, -4)$
△ABC
$=△BCD-△ACD-△ADB$
$=\dfrac{1}{2}\times5\times8-\dfrac{1}{2}\times5\times3-\dfrac{1}{2}\times8(3-a)$
$=\dfrac{25}{2}$
$\therefore a=3$

03 오른쪽 그림에서와 같이 사각형 ABCD가 평행사변형이 되기 위해서는 색칠한 직각삼각형이 서로 합동이어야 한다.
따라서 $D(a, b)$라 하면
$a=4-3=1$, $b=4+4=8$
$\therefore$ D(1, 8)

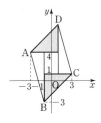

04 사각형 OABC의 넓이는
△OCE+△ABD+□CEDB이므로
□OABC
$=㉠+㉡+㉢$
$=\dfrac{1}{2}\times2\times6+\dfrac{1}{2}\times(6+4)\times3+\dfrac{1}{2}\times1\times4$
$=23$

직선과 x축과의 교점을 $P(t, 0)$이라 하면 $△OCP=\dfrac{23}{2}$
$\dfrac{1}{2}\times t\times6=\dfrac{23}{2}$에서 $t=\dfrac{23}{6}$
$\therefore$ $P\left(\dfrac{23}{6},\ 0\right)$

05 $a-b$가 최소가 되기 위해서는 a는 최소, b는 최대이어야 한다.
따라서 점 $P(a, b)$가 점 $A(-2, 6)$에 위치할 때, a의 값은 최소, b의 값은 최대가 된다.
$\therefore$ $2a+3b=2\times(-2)+3\times6=14$

06 오른쪽 그림과 같이 평행사변형이 되는 점의 좌표는 $P_1(2, 1)$, $P_2(2, 5)$, $P_3(-2, -1)$이므로
$□OP_1BA+□OBP_2A+□OBAP_3$
$=2\times2+2\times2+\left(\dfrac{1}{2}\times2\times2+\dfrac{1}{2}\times2\times2\right)$
$=12$

07 (i) 점 P가 $\overline{DC}$ 위에 있을 때,
$$y=\dfrac{1}{2}\times x\times4=2x\,(0\leq x\leq3)$$
(ii) 점 P가 $\overline{CB}$ 위에 있을 때,
$$y=\dfrac{1}{2}\times3\times4=6\,(3\leq x\leq7)$$
(iii) 점 P가 $\overline{BA}$ 위에 있을 때,
$$y=-2x+20\,(7\leq x\leq10)$$
따라서 사다리꼴의 넓이는
$$\dfrac{1}{2}\times(10+4)\times6=42$$

08 삼각형 ABC에서 밑변이 $\overline{BC}$일 때 높이는 $|a-5|$이다.
$\overline{BC}=7$이고, 삼각형 ABC의 넓이가 28이므로
$$\dfrac{1}{2}\times7\times|a-5|=28$$
$|a-5|=8$에서 $a=13$ 또는 $a=-3$
이고 구하는 값은 $13+(-3)=10$이다.

09 (1) 사각형 ORQP는 사다리꼴이므로

$$S=\frac{1}{2}(a+6)\times 8=4a+24$$

(2) $4a+24=40$ ∴ $a=4$

10 선분 AB를 대각선으로 하는 직사각형과 선분 CD를 대각선으로 하는 직사각형이 겹쳐지려면 $4<a$이다.

겹치는 부분의 가로의 길이는 $4-(-3)=7$이고

세로의 길이는 $a-4$이므로

$(a-4)\times 7=28$ ∴ $a=8$

11 제1사분면 위의 점 $\mathrm{P}(x, y)$의 x좌표를 $2a$라 하면 y좌표는

$2a\times 3=6a$이다.

$\mathrm{P}(2a, 6a)=2a+6a=8a$이므로

$8a<200, a<25$

따라서 $\mathrm{P}(x, y)<200$인 점 P의 개수는 24개이다.

12 점 $\mathrm{P}(a, b)$는 제2사분면 위의

점이므로 $a<0, b>0$이다.

또한

$\mathrm{Q}(a, -b), \mathrm{R}(-a, -b)$

이므로 좌표평면 위에 세 점을

나타내면 오른쪽 그림과 같다.

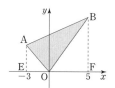

이때 삼각형 PQR의 넓이가 50이므로

$$\frac{1}{2}\times(-2a)\times 2b=-2ab=50$$

∴ $ab=-25$

13 세 점 $\mathrm{A}(-3, a)$, $\mathrm{B}(5, b)$,

$\mathrm{C}(0, 0)$을 좌표평면 위에 나타내면

오른쪽 그림과 같다.

점 $\mathrm{E}(-3, 0)$, 점 $\mathrm{F}(5, 0)$를 이용

하여 삼각형 AOB의 넓이를 구하면

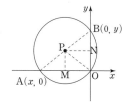

$$\triangle\mathrm{AOB}=\square\mathrm{AEFB}-\triangle\mathrm{AEO}-\triangle\mathrm{BOF}$$

$$=\frac{1}{2}(a+b)\times 8-\frac{1}{2}a\times 3-\frac{1}{2}b\times 5$$

$$=\frac{5}{2}a+\frac{3}{2}b$$

따라서 $ma+nb=\frac{5}{2}a+\frac{3}{2}b$에서

$m=\frac{5}{2}, n=\frac{3}{2}$이므로 $m+n=\frac{5}{2}+\frac{3}{2}=4$이다.

14 그림과 같이 점 $\mathrm{P}(-4, 3)$에서

직선 OA, OB에 내린 수선의 발을

각각 M, N이라고 하면

$\triangle\mathrm{OPM}\equiv\triangle\mathrm{APM}$,

$\triangle\mathrm{OPN}\equiv\triangle\mathrm{BPN}$

∴ $\overline{\mathrm{OM}}=\overline{\mathrm{AM}}, \overline{\mathrm{ON}}=\overline{\mathrm{BN}}$

따라서 점 A, B의 좌표는 각각 $(-8, 0)$, $(0, 6)$이다.

∴ $x=-8, y=6$

∴ $x+y=-8+6=-2$

15 세 점 $(0, 0)$, $(0, 5)$, $(5, 0)$을 연결하여 만든 삼각형 안에 있는 x좌표와 y좌표가 모두 정수인 점의 개수는

$$1+2+3=\frac{3\times(1+3)}{2}=6(개)$$

같은 방법으로 삼각형 OAB 안에 있는 점 중 x좌표, y좌표가 모두 정수인 점의 개수는

$$1+2+3+4+\cdots+(50-2)=\frac{48\times(1+48)}{2}$$

$$=1176(개)$$

16 (A 수도꼭지로 1분 동안 나오는 물의 양)$=18\div 6=3(\mathrm{L})$

(A, B 수도꼭지로 1분 동안 나오는 물의 양)

$=(90-18)\div(15-6)=8(\mathrm{L})$

(B 수도꼭지로 1분 동안 나오는 물의 양)$=8-3=5(\mathrm{L})$

따라서 B 수도꼭지로만 수족관에 물을 가득 채우는데 걸린

시간은 $90\div 5=18(분)$이다.

17 (1) 승우가 출발한 지 3분 뒤에 어머니가 출발하였으므로 어머니가 출발한 시각은 8시 30분$+$3분$=$8시 33분이다.

(2) 승우는 3분 동안 480 m를 걸었으므로 승우의 속력은

$480\div 3=160(\mathrm{m}/분)$이다.

(3) 어머니가 승우를 따라잡은 시각은 두 사람 사이의 거리가

0일 때이므로 승우가 출발한 지 9분 후이다.

∴ 8시 30분$+$9분$=$8시 39분

(4) 어머니가 출발하여 1분간 따라잡은 거리는

$480\div(9-3)=80(\mathrm{m})$이므로

어머니의 자전거의 속력은 $160+80=240(\mathrm{m}/분)$이다.

18 (1) 길이가 긴 향은 14분 동안에 21 cm가 모두 타므로 2분 동안에는 3 cm가 탄다.

따라서 향이 타기 시작하여 12분 후의 향의 길이는 3 cm이다.

(2) 길이가 짧은 향은 6분 동안에 3 cm가 타므로 18분 동안에 탄 향의 길이는 9 cm이다.

01 $(1, -3)$　**02** $P(2, 4)$　**03** $P_{50}(-7, 1)$, $P_{80}(7, 2)$

04 38　**05** 22　**06** $(6, 9)$　**07** $-\dfrac{1}{4}$

08 256초 후　**09** 56　**10** 21

11 (1) $2\,cm$　(2) 14초 후　(3) 18초 후　**12** 8시 36분

13 (1) $10°$　(2) $18\,cm$　(3) 11초

14 (1) $18\,cm$　(2) 8시간 24분

15 (1) $2\,cm/$초　(2) $16\,cm$

　　(3) 10초 후, $96\,cm^2$　(4) 5초 후, 13초 후

---

01 사각형 ABCD의 둘레의 길이는 $2(7+8)=30$이다.

$2000=30\times66+20$이므로

점 P가 2000만큼 움직이면 점 P는 직사각형을 66 회전한 후 20만큼 더 움직이므로 점 P의 위치는 $(1, -3)$이 된다.

따라서 $f(2000)=(1, -3)$이다.

02 두 점 P, B에서 점 A를 지나면서 x축에 평행한 직선에 내린 수선의 발을 각각 Q, H라 하면

$\overline{AQ} : \overline{AH}=\overline{AP} : \overline{AB}=1 : 4$,

$\overline{PQ} : \overline{BH}=\overline{AP} : \overline{AB}=1 : 4$

점 P의 좌표를 $P(a, b)$라 하면

$a=1+\overline{AQ}=1+\dfrac{1}{4}\overline{AH}=1+\dfrac{1}{4}\times4=2$

$b=2+\overline{PQ}=2+\dfrac{1}{4}\overline{BH}=2+\dfrac{1}{4}\times8=4$　$\therefore P(2, 4)$

03 (i) $P_1=(0, 1)$

$P_2=(-1, 1)$

↓ $1\times1+1$

$P_5=(-2, 1)$

↓ $2\times2+1$

$P_{10}=(-3, 1)$

↓ $3\times3+1$

⋮

$P_{50}=(-7, 1)$

↓ $7\times7+1$

(ii) $P_4=P_{2\times2}=(1, 1)$, $P_3=(0, 2)$

$P_9=P_{3\times3}=(2, 1)$, $P_8=(1, 2)$

$P_{16}=P_{4\times4}=(3, 1)$, $P_{15}=(2, 2)$

⋮

$P_{81}=P_{9\times9}=(8, 1)$, $P_{80}=(7, 2)$

---

04 그림과 같이 $A(3, 5)$, $B(-2, 3)$와 원점에 대하여 대칭인 점은 각각 $C(-3, -5)$, $D(2, -3)$이다.

따라서 사각형 ABCD의 넓이는

$6\times10-\left(\dfrac{1}{2}\times5\times2\right)\times2$

$-\left(\dfrac{1}{2}\times1\times8\right)\times2-(1\times2)\times2$

$=38$

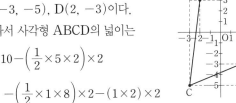

05

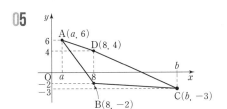

$\dfrac{1}{2}\times6\times(8-a)+\dfrac{1}{2}\times6\times(b-8)=66$

$(8-a)+(b-8)=22$

$\therefore b-a=22$

06 $\{(1, 1)\}$, $\{(2, 1), (1, 2)\}$, $\{(3, 1), (2, 2), (1, 3)\}$, $\cdots$

와 같이 x좌표와 y좌표의 합이 같게 묶어주면 묶음 속에 있는 점의 개수는 다음과 같다.

1개, 2개, 3개, 4개, 5개, $\cdots$

즉 $1+2+3+\cdots+13=91$이고 $100-91=9$이므로 100번 째 점은 14번째 묶음의 9번째 점이고, x좌표와 y좌표의 합은 15이므로 구하는 좌표는 $(6, 9)$이다.

07 $3b-6=0$, $b=2$

$4a+3=0$, $a=-\dfrac{3}{4}$

따라서 점 C의 좌표는 $\left(-\dfrac{15}{2}-5c, \dfrac{1-c}{3}\right)$이고

점 C는 어느 사분면에도 속하지 않으므로

$-\dfrac{15}{2}-5c=0$ 또는 $\dfrac{1-c}{3}=0$

$\therefore c=-\dfrac{3}{2}$ 또는 $c=-2$

따라서 $a+b+c$의 최댓값은 $\left(-\dfrac{3}{4}\right)+2+\left(-\dfrac{3}{2}\right)=-\dfrac{1}{4}$

08 점 P가 처음으로 점 A에 도착하는 데 걸린 시간 :

$(6+6)\div3=4$(초)

점 Q가 처음으로 점 A에 도착하는 데 걸린 시간 :

$(2+6+2+6)\div4$

$=4$(초)

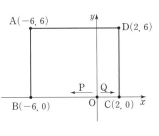

따라서 점 P와 점 Q가 처음으로 점 A에서 만나는 시간은 4초 후이다.

또한 점 P, 점 Q가 직사각형 ABCD를 한 바퀴 도는데 걸린 시간은 각각

$$28 \div 3 = \frac{28}{3}(\text{초}), \quad 28 \div 4 = 7(\text{초})$$

이고, 두 점 P, Q는 28초마다 다시 만난다.

따라서 두 점 P, Q가 10번째로 점 A에서 만나는 것은 원점 O를 출발하여 $4 + 28 \times 9 = 256(\text{초})$ 후이다.

09 점 A의 좌표를 (a, b)라 하면

$$B(2a, 2b), \quad C\left(\frac{a+28}{2}, \frac{b}{2}\right)$$

이다. 또, 점 B는 선분 PC의 중점이므로

$$\left(0 + \frac{a+28}{2}\right) \times \frac{1}{2} = 2a \text{에서 } a = 4$$

$$\left(14 + \frac{b}{2}\right) \times \frac{1}{2} = 2b \text{에서 } b = 4$$

$$\therefore B(8, 8)$$

따라서 구하는 삼각형 POB의 넓이는

$$\frac{1}{2} \times 14 \times 8 = 56$$

10 점 B의 x축에 대한 대칭점은 $B'(8, -5)$이고 $\overline{BP} = \overline{B'P}$ 이므로

$$\overline{AP} + \overline{BP} = \overline{AP} + \overline{B'P}$$

즉 점 A, P, B'이 한 직선 위에 있을 때 최소가 된다.

점 A와 점 B에서 x축에 내린 수선의 발을 각각 점 C, 점 D 라고 하면 $\overline{CD} = 6$이다.

또한 $\overline{AC} : \overline{B'D} = 3 : 5$이므로 $\overline{CP} : \overline{PD} = 3 : 5$이다.

따라서 $\overline{CP} = 6 \times \frac{3}{8} = \frac{9}{4}$이므로 $\frac{b}{a} = 2 + \frac{9}{4} = \frac{17}{4}$

$$\therefore a + b = 4 + 17 = 21$$

11 (1) $\overline{FE}$는 점 P가 8초부터 12초까지 움직인 거리이므로
$0.5 \times 4 = 2(\text{cm})$이다.

(2) 삼각형 PAB의 넓이가 가장 클 때는 $9\,\text{cm}^2$이고

그 넓이의 $\frac{1}{3}$은 $9 \times \frac{1}{3} = 3(\text{cm}^2)$이다.

이때의 걸린 시간은 $(20 + 24) \div 2 = 22(\text{초})$이다.

따라서 삼각형 PAB의 넓이가 가장 커진 후부터 그 넓이의 $\frac{1}{3}$이 되는데 걸린 시간은 $22 - 8 = 14(\text{초})$이다.

(3) 도형 S의 넓이는 $6 \times 2 + 1 \times 2 = 14(\text{cm}^2)$이고

넓이가 $7\,\text{cm}^2$가 되는 지점은 점 C로부터 점 D쪽으로 $1\,\text{cm}$ 떨어진 지점을 연결하였을 때이다.

따라서 점 P가 점 A를 출발한 지 $24 - 3 \times 2 = 18(\text{초})$ 후이다.

12 전체 거리를 1, 만난 시간을 x분이라 하면

석기의 분속은 $\frac{1}{x+12}$, 예슬이의 분속은 $\frac{1}{x+108}$이다.

$$\frac{1}{3} \div \frac{1}{x+108} = \frac{2}{3} \div \frac{1}{x+12} + 16$$

$$\therefore x = 36$$

따라서 두 사람이 마주친 시각은 8시 + 36분 = 8시 36분이다.

13 (1) $(180° \div 6) \times \frac{1}{2+1} = 10°$

(2) 그래프에서 부채꼴의 넓이는 $18\,\text{cm}^2$이다.

부채꼴의 반지름의 길이를 r라 하면

$$r \times r \times 3 \times \frac{60}{360} = 18 \quad \therefore r = 6(\text{cm})$$

따라서 부채꼴의 둘레의 길이는

$$2 \times 3 \times 6 \times \frac{1}{6} + 6 \times 2 = 18(\text{cm})\text{이다.}$$

(3) 정사각형과 부채꼴이 겹쳐진 시간은

$(90 + 60) \div (10 + 20) = 5(\text{초})$ 동안이므로

$$x = 6 + 5 = 11(\text{초})\text{이다.}$$

14 (1) A는 6시간에 모두 타고, 5시간 후에 $3\,\text{cm}$가 되었으므로 1시간에 $3\,\text{cm}$씩 타게 된다.

따라서 처음 양초의 길이는 $3 \times 6 = 18(\text{cm})$이다.

(2) A가 4시간 40분 동안 타고 남은 길이는

$$3 \times 1\frac{1}{3} = 4(\text{cm})$$

이므로 B가 4시간 40분 동안 탄 길이는

$$18 - 4 \times 2 = 10(\text{cm})$$

이므로 B가 모두 타는데 걸린 시간은

$$4\frac{2}{3} \times \frac{18}{10} = 8\frac{2}{5}(\text{시간})$$

이므로 8시간 24분이다.

15 (1) 정사각형의 한 변의 길이가 $12\,\text{cm}$이므로

$$12 \div 6 = 2(\text{cm/초})$$

(2) $2 \times 8 = 16(\text{cm})$

(3) 겹쳐진 부분의 넓이가 최대가 되는 시간은 $\overline{BC} = 20\,\text{cm}$이 므로 $20 \div 2 = 10(\text{초})$ 후이다.

$\overline{AB} = 72 \div 12 = 6(\text{cm})$, $\overline{ED} = 20 - 2 \times 8 = 4(\text{cm})$

이므로 겹쳐진 부분의 최대 넓이는

$6 \times (12-4) + 4 \times 12 = 96 (cm^2)$이다.

(4) 그래프에서 60 cm²일 때를 찾으면 두 번이 있다.

(첫 번째)$= 72 \div 6 \times x = 60$, $x = 5$(초) 후

14초일 때의 겹친 부분의 넓이는 $4 \times 12 = 48 (cm^2)$이고

10초 이후부터 14초까지는 1초에 $(96-48) \div$

$4 = 12 (cm^2)$씩 줄어든다.

따라서 두 번째 겹친 부분의 넓이가 60 cm²가 되는 때는

$14-1 = 13$(초) 후이다.

2 정비례와 반비례

핵심 문제 01 ─────── 130쪽

1 ①, ⑤   **2** 11   **3** ③, ⑤   **4** $\dfrac{8}{3}$

1 ① $y = 6x$

② 키가 같아도 신발 크기는 다를 수 있다.

③ $y = 5 + 2x$

④ $xy = 36$

⑤ (소금의 양)$= \dfrac{x}{100} \times 500$이므로 $y = 5x$

2 일정한 속력으로 달리고 있는 자동차의 속력은

$\dfrac{32}{0.5} = \dfrac{96}{1.5} = \dfrac{192}{3} = 64 (km/시)$

(거리)=(속력)×(시간)이므로

$y = 64x$에서 $x = a$, $y = 704$를 대입하여 풀면 $a = 11$

3 ② $y = ax(a \neq 0)$에 $x = -2$, $y = 3$을 대입하면 $a = -\dfrac{3}{2}$이다.

$y = -\dfrac{3}{2}x$에 $x = k$, $y = -\dfrac{9}{2}$를 대입하면 $k = 3$이다.

③ 정비례 관계 $y = -x$의 그래프보다 y축에 더 가깝다.

⑤ x의 값이 2배되면, y의 값도 2배가 된다.

4 O(0, 0), A(−4, −3)을 지나는 정비례 관계식을

$y = ax$라 하면 $a = \dfrac{3}{4}$

$y = \dfrac{3}{4}x$에 $(t, 2)$를 대입하면 $t = \dfrac{8}{3}$

응용 문제 01 ─────── 131쪽

예제 ① 660, 110, 110, 7.5, 30, 30, 30, 90, 20, 7.5

150, 150, 182 / 182

1 (1) $\dfrac{3}{5}$ (2) $\dfrac{96}{5}$ (3) 10   **2** ①, ⑤

3 $y = \dfrac{11}{6}x$, 220

1 (1) 점 $(-5, -3)$을 지나므로 $y = ax$에

$x = -5$, $y = -3$을 대입하면

$-3 = -5a$ $\therefore a = \dfrac{3}{5}$

(2) $y = \dfrac{3}{5}x$에 $x = 8$을 대입하면 $y = \dfrac{24}{5}$

따라서 삼각형 OAB의 넓이는 $\dfrac{1}{2} \times 8 \times \dfrac{24}{5} = \dfrac{96}{5}$

(3) 삼각형 OAB의 넓이가 30이 되도록 하는 점 A의 좌표를

$\left(k, \dfrac{3}{5}k \right)$라 하면

$\dfrac{1}{2} \times |k| \times \dfrac{3}{5}|k| = 30$

$|k|^2 = 100$ $\therefore |k| = 10$

2 $a > 0$일 때, $0 < a < 2$

$a < 0$일 때, $|a| < \left| -\dfrac{7}{2} \right|$이므로 $-\dfrac{7}{2} < a < 0$

3 두 개의 톱니바퀴 A, B의 톱니 수를 각각 $11k$, $6k(k \neq 0)$라 하면

$11k \times x = 6k \times y$ $\therefore y = \dfrac{11}{6}x$

톱니바퀴 A가 120번 회전할 때의 톱니바퀴 B의 회전 수는

$x = 120$일 때의 y의 값이므로 $y = \dfrac{11}{6} \times 120 = 220$

핵심 문제 02 ─────── 132쪽

1 ㄴ, ㄹ   **2** 12 cm³   **3** −20   **4** $a < b < c$

1 ㄱ. $y = 5x$ ㄴ. $y = \dfrac{50}{x}$

ㄷ. $y = 1000x$ ㄹ. $y = \dfrac{2500}{x}$

ㅁ. $y = 200 - 10x$

2 압력이 x기압일 때, 기체의 부피를 $y \, \text{cm}^3$이라 하면 y는 x에 반비례하므로 $y = \dfrac{a}{x}$라고 놓자.

$y = \dfrac{a}{x}$에 $x=6$, $y=8$을 대입하면 $8 = \dfrac{a}{6}$ $\therefore a = 48$

$y = \dfrac{48}{x}$에 $x=4$를 대입하면 $y=12$

3 점 $(-3, 4)$가 $y = \dfrac{6a}{x}$의 그래프 위에 있으므로 $y = \dfrac{6a}{x}$에

$x=-3$, $y=4$를 대입하면 $4 = \dfrac{6a}{-3}$, $6a = -12$

$\therefore a = -2$

반비례 관계 $y = -\dfrac{12}{x}$에 $x=2$, $y=\dfrac{1}{3}b$를 대입하면

$\dfrac{1}{3}b = -6$ $\therefore b = -18$

$\therefore a + b = -20$

4 $y = \dfrac{a}{x}$의 그래프는 제2사분면과 제4사분면을 지나므로 $a < 0$

$y = \dfrac{b}{x}$와 $y = \dfrac{c}{x}$의 그래프는 제1사분면과 제3사분면을 지나므로 $b > 0$, $c > 0$

또한 $y = \dfrac{c}{x}$의 그래프는 $y = \dfrac{b}{x}$의 그래프보다 원점에서 멀리 떨어져 있으므로 $|b| < |c|$ $\therefore b < c$

따라서 a, b, c의 대소 관계는 $a < b < c$이다.

응용문제 02
133쪽

예제 2 $3a$, $3a$, 9, $9a$, $9 / 1:9$

1 6   **2** (1) $a = -16$, $b = -\dfrac{1}{4}$ (2) $(-8, 2)$

3 32대   **4** 96 km

1 점 P의 x좌표를 p라 하면 $\left(p, \dfrac{6}{p} \right)$이므로

직사각형 OAPB의 넓이는 $p \times \dfrac{6}{p} = 6$

2 (1) $y = -\dfrac{a}{x}$에 $x = -4$, $y = 4$를 대입하면

$4 = -\dfrac{a}{4}$ $\therefore a = -16$

$y = -\dfrac{16}{x}$에 $x=8$을 대입하면 $y = -\dfrac{16}{8} = -2$

$y = bx$에 $x=8$, $y=-2$를 대입하면

$-2 = 8b$ $\therefore b = -\dfrac{1}{4}$

(2) $A\left(k, -\dfrac{1}{4}k \right)$(단, $k < 0$)라 하면 점 A는 $y = -\dfrac{16}{x}$의 그래프의 한 점이므로

$xy = k \times \left(-\dfrac{1}{4}k \right) = -16$에서 $k^2 = 64$

$\therefore k = -8 \, (\because k < 0)$

따라서 점 A의 좌표는 $(-8, 2)$이다.

3 40대로 24시간 가동시켜야 일이 끝나므로

$40 \times 24 = 960$에서 $xy = 960$

$xy = 960$에 $y = 30$을 대입하면 $x = 32$

$\therefore 32$대

4 태풍은 발생한 지점과 우리나라 사이의 거리는

$32 \times 75 = 120 \times 20 = 2400 \, (\text{km})$

x와 y 사이의 관계식은 $y = \dfrac{2400}{x}$

$y = \dfrac{2400}{x}$에 $y = 25$를 대입하면 $x = 96$

따라서 태풍이 한 시간에 이동하는 거리는 96 km이다.

심화문제
134~139쪽

01 $\dfrac{2}{3}$ **02** $\dfrac{1}{2}$ **03** 6개

04 A$(0, 6)$, C$(6, 2)$ **05** $\dfrac{3}{2}$

06 $a = 10$, A$\left(4, \dfrac{5}{2} \right)$ **07** 2   **08** $\dfrac{2}{3}$

09 B$(-4, -3)$ **10** 240   **11** $\dfrac{5}{2}$

12 5분   **13** $y = \dfrac{32}{x}$ **14** 46   **15** 16

16 $-\dfrac{3}{2}$ **17** $10a$ **18** 33

01 P(x, y)라 하면

$\triangle \text{PAB} = \dfrac{1}{2} \times 3 \times y$, $\triangle \text{PCD} = \dfrac{1}{2} \times 2 \times x$

에서

$\dfrac{1}{2} \times 3 \times y = \dfrac{1}{2} \times 2 \times x$, $y = \dfrac{2}{3}x$ $\therefore a = \dfrac{2}{3}$

02 $\square$OABC

$= \dfrac{1}{2} \times (5 + 7) \times 3 = 18$

$\overline{\text{BC}}$와 정비례 관계 $y = ax$의 그래프와의 교점을 P라 하면

점 P의 y좌표가 3이므로

$$P\left(\frac{3}{a}, 3\right)$$

$$\triangle OPC = \frac{1}{2} \times \frac{3}{a} \times 3 = 9 \qquad \therefore a = \frac{1}{2}$$

03 반비례 관계 그래프이므로 $y = \dfrac{a}{x}$이고, 점 $P\left(\dfrac{3}{2}, 6\right)$이 그래

프 위에 있으므로

$$\frac{a}{\frac{3}{2}} = 6 \text{에서 } a = 9 \qquad \therefore y = \frac{9}{x}$$

따라서 x좌표와 y좌표가 모두 정수인 점은

$(1, 9)$, $(3, 3)$, $(9, 1)$, $(-1, -9)$, $(-3, -3)$, $(-9, -1)$

이므로 6개이다.

04 점 $A(0, a)$, $C\left(b, \dfrac{12}{b}\right)$라 하면 $y = \dfrac{12}{x}$에서 점 $B(3, 4)$

이므로 점 B는 $\overline{AC}$의 중점이다.

$$\frac{0+b}{2} = 3 \text{에서 } b = 6, \ \frac{a+2}{2} = 4 \text{에서 } a = 6$$

$$\therefore A(0, 6), C(6, 2)$$

05 A 기계에 6을 넣어서 나오는 수는 $12a$이고 $12a$를 B 기계에

넣어서 나오는 수는 $\dfrac{4b}{12a} = \dfrac{b}{3a}$이므로

$$\frac{b}{3a} = -4 \qquad \therefore \frac{b}{a} = -12$$

이때 A 기계에 -12를 넣어서 나오는 수는 $-24a$이고,

$-24a$를 B 기계에 넣으면

$$\frac{-3b}{-24a} = -\frac{1}{8} \times (-12) = \frac{3}{2}$$

06 점 A의 y좌표는 $\dfrac{a}{4}$, 점 B의 y좌표는 $\dfrac{a}{5}$이므로

$$\frac{a}{4} - \frac{a}{5} = \frac{1}{2} \text{에서 } a = 10$$

$$\therefore A\left(4, \frac{5}{2}\right)$$

07 점 A, B는 원점 O에 대하여 서로 대칭이므로

$$A\left(a, \frac{1}{a}\right), B\left(-a, -\frac{1}{a}\right)$$

$$\therefore \triangle ABC = \frac{1}{2} \times 2a \times \frac{2}{a} = 2$$

08 $y = -\dfrac{5}{3}x$에 $x = -\dfrac{12}{5}$를 대입하면

$$y = -\frac{5}{3} \times \left(-\frac{12}{5}\right) = 4 \qquad \therefore A\left(-\frac{12}{5}, 4\right)$$

선분 AC의 길이가 $\dfrac{12}{5}$이므로 선분 BC의 길이는

$$\frac{12}{5} \times \frac{5}{2} = 6 \qquad \therefore B(6, 4)$$

이때 $y = kx$의 그래프가 점 B를 지나므로

$$4 = 6k \qquad \therefore k = \frac{2}{3}$$

09 $y = \dfrac{a}{x}$에서 $4 = \dfrac{a}{-3}$이므로

$$a = -12 \qquad \therefore y = -\frac{12}{x}$$

따라서 오른쪽 그림에서 $B(-4, -3)$

이다.

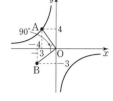

10 점 B_k의 좌표는 $\left(k, \dfrac{8}{k}\right)$이므로 $S_k = k \times \dfrac{8}{k} = 8$이다.

따라서 $S_1 = S_2 = S_3 = \cdots = S_{30} = 8$이므로

$$S_1 + S_2 + S_3 + \cdots + S_{30} = 8 \times 30 = 240$$

11 오른쪽 그림과 같이 $y = kx$의 그래프가

점 $A(2, 4)$를 지날 때 $4 = k \times 2$에서

$k = 2$

$y = kx$의 그래프가 점 $B(4, 2)$를

지날 때

$$4k = 2 \text{에서 } k = \frac{1}{2} \qquad \therefore \frac{1}{2} \le k \le 2$$

$$\therefore a + b = \frac{1}{2} + 2 = \frac{5}{2}$$

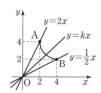

12 민지의 그래프는 $y = 100x$이므로 서점에 도착하는 데 걸리는

시간은 $1500 = 100x$, $x = 15$(분)

승준이의 그래프는 $y = 150x$이므로 서점에 도착하는 데 걸리

는 시간은 $1500 = 150x$, $x = 10$(분)

따라서 승준이가 도착한 후 $15 - 10 = 5$(분)을 기다려야 민지

가 도착한다.

13 넓이가 $16 \, \text{m}^2$인 직사각형 모양의 벽에 페인트를 칠하는 데

드는 비용이 12만 원이므로 넓이가 $1 \, \text{m}^2$인 직사각형 모양의

벽에 페인트를 칠하는 데 드는 비용은

$$\frac{120000}{16} = 7500(\text{원})$$

따라서 20만 원의 비용으로 페인트를 칠할 수 있는 벽의 넓이는

$$\frac{240000}{7500} = 32(\text{m}^2)$$이므로 $a = 32$

이때 넓이가 $32 \, \text{m}^2$인 벽의 가로, 세로의 길이가 각각 $x\text{m}$,

$y\text{m}$이므로 $xy = 32$

$$\therefore y = \frac{32}{x}$$

14 사각형 ABCD는 정사각형이므로 점 $D(10, 8)$이므로

$m = 10$이다.

사다리꼴 AOCD의 넓이를 이등분한 값과 삼각형 EOC의 넓

이가 같다.

사다리꼴 AOCD의 넓이는 $(10+8) \times 8 \times \frac{1}{2}=72$이므로

삼각형 EOC의 넓이는 $\frac{72}{2}=36$이다.

$\triangle EOC = \frac{1}{2} \times 10 \times n = 36$ $\therefore 5n=36$

$\therefore m+5n=10+36=46$

15 $y=-\frac{8}{x}$에 $x=-k$를 대입하면

$y=\frac{8}{k}$ $\therefore A\left(-k, \frac{8}{k}\right)$

$y=-\frac{8}{x}$에 $x=k$를 대입하면

$y=-\frac{8}{k}$ $\therefore C\left(k, -\frac{8}{k}\right)$

따라서 $\overline{AB}=\overline{CD}=\frac{8}{k}$, $\overline{BD}=2k$이므로

$\square ABCD = \frac{8}{k} \times 2k = 16$

16 점 B의 x좌표가 10이므로

$y=\frac{3}{5} \times 10 = 6$ $\therefore B(10, 6)$

$\overline{BP}=10$이므로 $\overline{AP}:10=2:5$ $\therefore \overline{AP}=4$

따라서 점 $A(-4, 6)$이고 $y=ax$의 그래프가 점 $A(-4, 6)$을 지나므로

$6=-4a$ $\therefore a=-\frac{3}{2}$

17 점 B_n의 x좌표가 n이므로 $y=\frac{a}{x}$에 $x=n$을 대입하면

$y=\frac{a}{n}$ $\therefore B_n\left(n, \frac{a}{n}\right)$

또한 $S_n = n \times \frac{a}{n} = a$이므로

$S_1 + S_2 + \cdots + S_{10} = 10a$

18 오른쪽 그림과 같이 색칠한 부분을 네 부분으로 나누어서 생각하자.

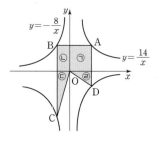

(㉠부분의 넓이)$=xy=14$

(㉡부분의 넓이)$=|xy|$
$=|-8|$
$=8$

(㉢부분의 넓이)$=\frac{1}{2}xy=\frac{1}{2} \times 14 = 7$

(㉣부분의 넓이)$=\frac{1}{2}|xy|=\frac{1}{2} \times |-8| = 4$

따라서 색칠한 부분의 넓이는 $14+8+7+4=33$

---

01 $0 \le t \le 2$일 때 $\frac{3}{2}t^2$, $t>2$일 때 6   **02** $\frac{3}{2}$

03 A(3, 6)   **04** $\frac{4}{3}$ **05** $-\frac{10}{7}$ **06** 58개

07 A(3, 12), B(3, -6)   **08** 최댓값 : 2, 최솟값 : $\frac{1}{8}$

09 $\frac{32}{3}$ **10** $a=\frac{5}{3}$, $b=\frac{4}{3}$ **11** $6a^2$

12 $\frac{8}{7}$ **13** 432   **14** $\frac{14}{25}$ **15** 9개

16 8   **17** 42   **18** 35

01 $P(t, 3t)$이므로 $0 \le t \le 2$일 때, $S=\frac{1}{2} \times t \times 3t = \frac{3}{2}t^2$

$t>2$일 때, $S=\frac{1}{2} \times t \times \frac{12}{t} = 6$

02 오른쪽 그림과 같이 x축에 평행한 직선 PQ와 y축에 평행한 선분 DF, EG를 그리면 세 삼각형 CPD, EPD, EQB는 합동이 되므로 세 선분 CD, DE, EB의 길이는 모두 $\frac{1}{3}$이다.

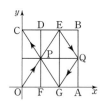

즉, 점 $E\left(\frac{2}{3}, 1\right)$이므로 $y=ax$에 대입하면

$1=a \times \frac{2}{3}$ $\therefore a=\frac{3}{2}$

03 점 A의 x좌표를 a라 하면 $A(a, 2a)$, $D(a+2, 2a)$

$x=a+2$를 $y=\frac{1}{2}x$에 대입하면

$y=\frac{1}{2}(a+2)=\frac{1}{2}a+1$ $\therefore C\left(a+2, \frac{1}{2}a+1\right)$

$\overline{AD}=2$, $\overline{CD}=\frac{3}{2}a-1$, $2(\overline{AD}+\overline{CD})=11$이므로

$2+\frac{3}{2}a-1=\frac{11}{2}$ $\therefore a=3$

$\therefore A(3, 6)$

04 $\frac{\overline{DP}}{\overline{AP}}=\frac{3}{2}$, $\frac{\overline{CP}}{\overline{BP}}=\frac{1}{2}$

$\frac{\overline{AP}}{\overline{CP}} \cdot \frac{\overline{BP}}{\overline{DP}} = \frac{\overline{BP}}{\overline{CP}} \cdot \frac{\overline{AP}}{\overline{DP}} = \frac{1}{\frac{\overline{CP}}{\overline{BP}}} \cdot \frac{1}{\frac{\overline{DP}}{\overline{AP}}} = \frac{1}{\frac{1}{2}} \cdot \frac{1}{\frac{3}{2}} = \frac{4}{3}$

05 $y=ax$에 $x=-5$를 대입하면

$y=-5a$ $\therefore E(-5, -5a)$

$y=ax$에 $x=-2$를 대입하면

$y=-2a$ $\therefore F(-2, -2a)$

$\square ABCD = 3 \times 6 = 18$

$\square AEFD = \dfrac{1}{2} \times [\{8 - (-5a)\} + \{8 - (-2a)\}] \times 3$

$\qquad\qquad = \dfrac{1}{2} \times 18$

$(16 + 7a) \times 3 = 18 \qquad \therefore a = -\dfrac{10}{7}$

06 제1사분면에서만 생각해 보면
x가 1일 때 y는 1~11,
x가 2일 때 y는 1~5,
x가 3일 때 y는 1, 2, 3,
x가 4일 때 y는 1, 2
x가 5일 때 y는 1, 2,
x가 6~11일 때 y는 모두 1이므로
$11 + 5 + 3 + 2 + 2 + 1 \times 6 = 29(개)$
제3사분면에도 같은 개수의 점이 있으므로 $29 \times 2 = 58(개)$

07 점 A, B의 x좌표는 같으므로 $x = a(a > 0)$이라 하면
$A(a, 4a), B(a, -2a)$
$\overline{AB} = 4a - (-2a) = 6a$,
$(\triangle AOB의 넓이) = \dfrac{1}{2} \times 6a \times a = 27$
따라서 $a > 0$이므로 $a = 3$
$\therefore A(3, 12), B(3, -6)$

08 $y = \dfrac{a}{x}$에 $(2, 4)$를 대입하면 $a = 8$이므로
$B(8, 1), C\left(-10, -\dfrac{4}{5}\right), D(-2, -4)$
$y = kx$의 그래프는 점 A, D를 지날 때 최댓값, 점 O, B를 지날 때 최솟값을 가진다.
$\therefore$ 최댓값 : 2, 최솟값 : $\dfrac{1}{8}$

09 $x_1 : x_2 = 3 : 4$이므로 $x_1 = 3k$, $x_2 = 4k(k는 양수)$라고 하면
점 $A\left(3k, \dfrac{2}{k}\right)$를 $y = ak$에 대입하면
$\dfrac{2}{k} = 3ak \qquad \therefore ak^2 = \dfrac{2}{3}$
점 $B\left(4k, \dfrac{b}{4k}\right)$를 $y = ak$에 대입하면
$\dfrac{b}{4k} = 4ak \qquad \therefore b = 16ak^2 = 16 \times \dfrac{2}{3} = \dfrac{32}{3}$

10 점 R의 좌표는 $(6, 12a)$, 점 Q의 좌표는 $(6, 6b)$이므로
$\triangle OPQ = 36 \times \dfrac{2}{3} = 24$, $\triangle OPR = 24 + 36 = 60$
$\dfrac{1}{2} \times 6 \times 12a = 60$에서 $a = \dfrac{5}{3}$,
$\dfrac{1}{2} \times 6 \times 6b = 24$에서 $b = \dfrac{4}{3}$

11 점 Q의 x좌표는 $a = \dfrac{1}{3}x$에서 $x = 3a$,
점 R의 y좌표는 $y = \dfrac{5}{3}x$에서 $y = 5a$
$\therefore \overline{QR} = 5a - a = 4a$
$\therefore \triangle OQR = \dfrac{1}{2} \times 4a \times 3a = 6a^2$

12 $y = ax$의 그래프가 $\overline{AD}$, $\overline{BC}$와 만나는 점을 각각 P, Q라 하고 $y = bx$의 그래프가 $\overline{AD}$, $\overline{BC}$와 만나는 점을 각각 R, S라 하자.
즉 $P(2, 2a)$, $Q(5, 5a)$, $R(2, 2b)$, $S(5, 5b)$이고 사각형 ABCD의 넓이는 12이므로 다음이 성립한다.
$(사각형 PABQ) = (2a + 5a) \times 3 \times \dfrac{1}{2} = 12 \times \dfrac{1}{3}$
$\therefore a = \dfrac{8}{21}$
$(사각형 RABS) = (2b + 5b) \times 3 \times \dfrac{1}{2} = 12 \times \dfrac{2}{3}$
$\therefore b = \dfrac{16}{21}$
$\therefore a + b = \dfrac{8}{21} + \dfrac{16}{21} = \dfrac{8}{7}$

13 정비례 관계 $y = 2x$의 그래프가 지나가는 정사각형에 적혀 있는 수는
$0 < x < 1$에서 1, 2
$1 < x < 2$에서 4, 5
$2 < x < 3$에서 7, 8
$3 < x < 4$에서 10, 11
$\qquad\qquad \vdots$
$11 < x < 12$에서 34, 35
즉, 적혀 있는 수들의 합은 1부터 35까지의 정수 중 3의 배수를 제외한 수들의 합과 같다.
1부터 35까지의 정수들의 합을 S라 하면
$S = 1 + 2 + 3 + \cdots + 35 \qquad \cdots \text{㉠}$
$S = 35 + 34 + 33 + \cdots + 1 \qquad \cdots \text{㉡}$
㉠ + ㉡을 하면
$2S = 36 + 36 + 36 + \cdots + 36 = 35 \times 36$
$\therefore S = \dfrac{35 \times 36}{2} = 630$
1부터 35까지의 3의 배수는 3, 6, 9, 12, 15, 18, 21, 24, 27, 30, 33이므로 이 수들의 합은
$3(1 + 2 + 3 + 4 + \cdots + 11) = 3 \times 66 = 198$
따라서 정사각형에 적혀 있는 수들의 합은
$630 - 198 = 432$

14 오른쪽 그림과 같이 $\overline{AB}$와 정비례 관계 $y=ax$의 그래프의 교점을 P라고 하면

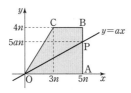

P$(5n, 5an)$이고 $\triangle OAP$의 넓이는 사다리꼴 OABC의 넓이의 $\frac{1}{2}$배이다.

(사다리꼴 OABC의 넓이)$=\frac{1}{2}\times(2n+5n)\times4n=14n^2$

이므로

$\triangle OAP=\frac{1}{2}\times$(사다리꼴 OABC의 넓이)

$\qquad\quad =\frac{1}{2}\times14n^2=7n^2 \qquad\cdots\ \text{㉠}$

이때 $\overline{AP}=5an$이므로

$\triangle OAP=\frac{1}{2}\times5n\times5an=\frac{25}{2}an^2 \qquad\cdots\ \text{㉡}$

㉠, ㉡에서

$7n^2=\frac{25}{2}an^2 \qquad\therefore\ a=\frac{14}{25}$

15 $y=\dfrac{k}{x}$의 그래프 위에 있는 점 (x, y) 중에서 x, y가 모두 자연수인 점의 개수는 자연수 k의 약수의 개수와 같다.

그런데 서로 다른 두 소수 p와 q에 대하여 자연수 $p^a q^b$의 약수의 개수는 $(a+1)(b+1)$이므로 k의 약수가 8개가 되려면 k는 p^7의 꼴이거나 p^3q, pq^3의 꼴이어야 한다.

따라서 150 이하의 자연수 k 중에서 약수가 8개인 k의 값은 다음과 같다.

2^7, $2^3\times3$, $2^3\times5$, $2^3\times7$, $2^3\times11$, $2^3\times13$, $2^3\times17$, $3^3\times2$, $3^3\times5$

따라서 구하는 k의 값은 모두 9개이다.

16 점 Q는 $y=bx$의 그래프 위의 점이므로 Q$(5, 5b)$이고

또 점 Q$(5, 5b)$는 $y=\dfrac{15ab}{x}$의 그래프 위의 점이므로 $a=\dfrac{5}{3}$

점 P의 y좌표가 5이고 점 P는 $y=ax$의 그래프 위의 점이므로 P$(3, 5)$이다.

또 점 P$(3, 5)$는 $y=\dfrac{15ab}{x}$의 그래프 위의 점이므로 $b=\dfrac{3}{5}$

따라서 $\triangle POQ$의 넓이는

$\dfrac{1}{2}\begin{vmatrix}0 & 3 & 5 & 0\\0 & 5 & 3 & 0\end{vmatrix}=\dfrac{1}{2}|9-25|=8$

이다.

17 오른쪽 그림과 같이 D$(0, 12)$, E$(6, 12)$를 잡고 A(a, b)라 하자. $\triangle DOE$와 $\triangle ABE$의 넓이의 합은

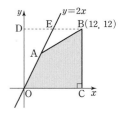

$12\times12-93=51$

$\triangle DOE=\dfrac{1}{2}\times6\times12=36$

$\triangle ABE=51-36=15$

즉 $\dfrac{1}{2}\times6\times(12-b)=15$, $12-b=5$

$\therefore\ b=7$

$x=a$, $y=7$을 $y=2x$에 대입하면

$7=2a \qquad\therefore\ a=\dfrac{7}{2}$

$\therefore\ 10a+b=10\times\dfrac{7}{2}+7=42$

18 $y=-\dfrac{8}{3}x$에 $y=-8$을 대입하면

$-8=-\dfrac{8}{3}x$

$\therefore\ x=3$

점 S의 좌표는 S$(3, -8)$

$y=\dfrac{k}{x}$에 $x=3$, $y=-8$을 대입하면

$-8=\dfrac{k}{3} \qquad\therefore\ k=-24 \qquad\therefore\ y=-\dfrac{24}{x}$

$y=-\dfrac{24}{x}$에 $y=6$을 대입하면 $x=-4$이므로

점 P의 좌표는 P$(-4, 6)$

$\therefore\ \square PQOR=\triangle PQO+\triangle POR$

$\qquad\qquad\quad =\dfrac{1}{2}\times7\times6+\dfrac{1}{2}\times7\times4$

$\qquad\qquad\quad =35$

특목고 / 경시대회 **실전문제**   146~148쪽

01 8개	**02** $\dfrac{16}{21}$	**03** 48	**04** 49
05 119	**06** -2	**07** 9	**08** 20
09 7			

01 원점과 점 $(6, -3)$을 지나는 그래프의 식을 $y=kx$라 하면

$-3=6k$에서 $k=-\dfrac{1}{2} \qquad\therefore\ y=-\dfrac{1}{2}x$

정비례 관계식이 두 점 $(a, -4)$, $\left(-\dfrac{7}{2}, b\right)$를 지나므로

$$-4=-\frac{1}{2}a \qquad \therefore a=8$$

$$b=\left(-\frac{1}{2}\right)\times\left(-\frac{7}{2}\right)=\frac{7}{4}$$

점 $\left(8,\ \frac{7}{4}\right)$이 $y=\dfrac{c}{x}$ 위의 점이므로

$$c=8\times\frac{7}{4}=14$$

$y=\dfrac{14}{x}$에서 x, y의 값이 정수이려면 $|x|$의 값이 14의 약수

이어야 한다.

$$(x,\ y) \Rightarrow (1,\ 14),\ (2,\ 7),\ (7,\ 2),\ (14,\ 1),\ (-1,\ -14),$$
$$(-2,\ -7),\ (-7,\ -2),\ (-14,\ -1)$$

$\therefore$ 8개

02 교점의 개수가 8개이려면 원점과 $(7,\ 3)$을 지날 때의 a값보다 작아야 하고, 원점과 $(9,\ 3)$을 지날 때의 a의 값보다 커야 한다.

따라서 구하는 a값의 범위는 $\dfrac{1}{3}<a<\dfrac{3}{7}$이다.

그러므로 $A=\dfrac{1}{3}$, $B=\dfrac{3}{7}$이고 $A+B=\dfrac{16}{21}$이다.

03 $y=\dfrac{a}{x}$의 그래프가 점 $\left(\dfrac{5}{2},\ -2\right)$를 지나므로 $a=-5$이다.

$y=-\dfrac{5}{x}$의 그래프 위의 점 중에서 x, y의 좌표가 모두 정수인 점은

$(1,\ -5),\ (-1,\ 5),$

$(5,\ -1),\ (-5,\ 1)$

이고 네 점을 좌표평면에 나타내면 오른쪽 그림과 같다.

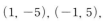

(사각형의 넓이)

$$=10\times10-\left(\frac{1}{2}\times6\times6\right)\times2-\left(\frac{1}{2}\times4\times4\right)\times2$$
$$=48$$

04 점 E는 $y=\dfrac{5}{x}(x>0)$의 그래프 위에 있으므로

$x=5$일 때, $y=1$ $\qquad \therefore E(5,\ 1)$

점 E는 선분 AC의 중점이므로 점 A의 y좌표는 2이다.

$2=\dfrac{5}{x}$에서 $x=\dfrac{5}{2}$

$\therefore A\left(\dfrac{5}{2},\ 2\right)$이고, $C\left(\dfrac{15}{2},\ 0\right)$

$\therefore$ 점 F의 x좌표는 $\dfrac{15}{2}$이다.

점 F는 $y=\dfrac{5}{x}(x>0)$ 위의 점이므로 $F\left(\dfrac{15}{2},\ \dfrac{2}{3}\right)$

따라서 구하는 값은

$$6\times\left(\frac{15}{2}+\frac{2}{3}\right)=49$$

05 직선 l을 $x=k$(단, k는 자연수)로 놓으면

점 A의 좌표는 $(k,\ ak)$, 점 B의 좌표는 $(k,\ bk)$

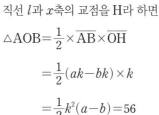

직선 l과 x축의 교점을 H라 하면

$$\triangle AOB=\frac{1}{2}\times\overline{AB}\times\overline{OH}$$
$$=\frac{1}{2}(ak-bk)\times k$$
$$=\frac{1}{2}k^2(a-b)=56$$

$k^2(a-b)=112$, $a-b=\dfrac{112}{k^2}$

한편, $a-b\geq5$이므로 $a-b$가 최댓값을 가지려면 $k=1$,

$a-b$가 최솟값을 가지려면 $k=4$

즉 $a-b$의 최댓값은 112, 최솟값은 7이므로

최댓값과 최솟값의 합은 119이다.

06 점 A의 y축에 대한 대칭점 $A'(1,\ 6)$과 점 B의 x축에 대한 대칭점 $B'(-3,\ -2)$를 잡으면 $\overline{BC}=\overline{B'C}$, $\overline{AD}=\overline{A'D}$

이므로

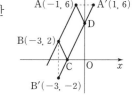

$\overline{AD}+\overline{CD}+\overline{BC}=\overline{A'B'}$일 때 $\overline{AD}+\overline{CD}+\overline{BC}$의 길이가 최소가 된다.

점 $B'(-3,\ -2)$에서 점 $A'(1,\ 6)$까지 x의 값이 4 증가할 때 y의 값은 8 증가하므로 x의 값이 1 증가할 때 y의 값은 2 증가한다.

따라서 점 C의 좌표는 $(-2,\ 0)$, 점 D의 좌표는 $(0,\ 4)$이다.

$\square ABCD$의 넓이를 이등분하려면 $y=ax(a$는 상수$)$가 $\overline{AB}$의 중점과 $\overline{CD}$의 중점을 지나야 한다.

즉, $\overline{AB}$의 중점의 좌표는 $(-2,\ 4)$, $\overline{CD}$의 중점의 좌표는 $(-1,\ 2)$이다.

$y=ax$에 $(-1,\ 2)$를 대입하면 $a=-2$이다.

07 $\triangle P_5Q_4Q_5$의 넓이는 $\dfrac{1}{5}$이므로

$$\frac{1}{2}(x_5-x_4)\times\frac{4}{x_5}=\frac{1}{5}$$

이것을 정리하면 $\dfrac{x_4}{x_5}=\dfrac{9}{10}$

$$\therefore 10\times\frac{x_4}{x_5}=10\times\frac{9}{10}=9$$

08 점 A, B의 좌표는 A$(p, 10)$, B$(10, 10k)$이다.

$\overline{OA}=\overline{OB}$, $\angle OCA=\angle ODB$, $\overline{OC}=\overline{OD}$이므로

$\triangle OAC \equiv \triangle OBD$

즉, $\overline{BD}=\overline{AC}$이므로 $p=10k$

점 O를 중심으로 $\triangle OAC$를 시계 방향으로 $90°$ 회전시켜 $\triangle ODE$를 그리면 세 점 B, D, E가 일직선 위에 있게 된다.

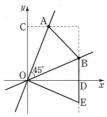

$\overline{OA}=\overline{OE}$, $\overline{OB}$는 공통,

$\angle AOB=\angle EOB=45°$

$\therefore \triangle AOB \equiv \triangle EOB$, 즉 $\overline{AB}=\overline{EB}=\overline{BD}+\overline{DE}$

$\overline{DE}=10k$이므로 $\overline{AB}=10k+10k=20k$

$\therefore a=20$

09 $P_1(1, 1)$ $\qquad$ $Q_1\left(1, \dfrac{3}{2}\right)$

$P_2\left(\dfrac{3}{2}, \left(\dfrac{3}{2}\right)\right)$ $\qquad$ $Q_2\left(\left(\dfrac{3}{2}\right), \left(\dfrac{3}{2}\right)^2\right)$

$P_3\left(\left(\dfrac{3}{2}\right)^2, \left(\dfrac{3}{2}\right)^2\right)$ $\qquad$ $Q_3\left(\left(\dfrac{3}{2}\right)^2, \left(\dfrac{3}{2}\right)^3\right)$

$\qquad\qquad \vdots$

$P_n\left(\left(\dfrac{3}{2}\right)^{n-1}, \left(\dfrac{3}{2}\right)^{n-1}\right) Q_n\left(\left(\dfrac{3}{2}\right)^{n-1}, \left(\dfrac{3}{2}\right)^{n}\right)$

$P_{n+1}\left(\left(\dfrac{3}{2}\right)^{n}, \left(\dfrac{3}{2}\right)^{n}\right)$ $Q_{n+1}\left(\left(\dfrac{3}{2}\right)^{n}, \left(\dfrac{3}{2}\right)^{n+1}\right)$

(주어진 식)

$=\left(\dfrac{3}{2}-1\right)+\left(\dfrac{3}{2}-1\right)+\left\{\left(\dfrac{3}{2}\right)^2-\dfrac{3}{2}\right\}+\left\{\left(\dfrac{3}{2}\right)^2-\dfrac{3}{2}\right\}$

$\quad +\left\{\left(\dfrac{3}{2}\right)^3-\left(\dfrac{3}{2}\right)^2\right\}+\left\{\left(\dfrac{3}{2}\right)^3-\left(\dfrac{3}{2}\right)^2\right\}$

$\quad \cdots+\left\{\left(\dfrac{3}{2}\right)^n-\left(\dfrac{3}{2}\right)^{n-1}\right\}+\left\{\left(\dfrac{3}{2}\right)^n-\left(\dfrac{3}{2}\right)^{n-1}\right\}$

$=2\left\{\left(\dfrac{3}{2}\right)^n-1\right\}=\dfrac{3^n}{2^{n-1}}-2$

따라서 $\dfrac{3^n}{2^{n-1}}-2=32\dfrac{11}{64}$이므로

$2^{n-1}=64$ $\quad \therefore n=7$

중학수학
절대강자

정답 및 해설

최상위

펴낸곳 (주)에듀왕
개발총괄 박명전
편집개발 황성연, 최형석, 임은혜
표지/내지디자인 디자인뷰
조판 및 디자인 총괄 장희영
주소 경기도 파주시 광탄면 세류길 101
출판신고 제 406-2007-00046호
내용문의 1644-0761

⚠ 주 의
• 책의 날카로운 부분에 다치지 않도록 주의하세요.
• 화기나 습기가 있는 곳에 가까이 두지 마세요.

KC마크는 이 제품이 공통안전기준에 적합하였음을 의미합니다.

중학수학
절대강자